RとPython
で学ぶ
統計学入門

増井 敏克 著

Ohmsha

はじめに

　統計学には、主に「記述、推測、予測」という3つの役割があります。つまり、集めたデータの特徴を把握して記述すること、そこから全体の状況を推測すること、そして未知のデータを予測することです。

　私たちは普段からさまざまなデータを扱っていますが、そのデータを活用できている人はあまり多くありません。そんな中、手元にあるのは限られた量のデータだけなので、「多くのデータを使わなくても、少ないデータから高い精度で予測できる」という統計学の考え方に注目している人は多いでしょう。

　しかし、IoT や人工知能、ビッグデータという言葉が話題になるように、「多くのデータを集めて分析すれば精度が上がる」という考え方も登場しています。これは、昔ながらの統計学の考え方と反するかもしれません。多くのデータが集められるのであれば、もはや統計学は不要ではないか、とする人もいるでしょう。

　確かに、「正しい」データがたくさんあれば精度も上がるでしょうし、違った視点で分析することも可能になるかもしれません。しかし、データの質や量、種類が増えると、それだけ処理に時間がかかります。もちろん、コンピュータの性能は向上していますし、便利なツールも登場していますが、少ないデータで処理する方が効率が良いのは明らかです。

　また、なぜその手法を使うのか、出力された結果をどう読み取るのかなど、その理論がわかっていないと貴重なデータを大量に持っていても「宝の持ち腐れ」になってしまいます。そして、実は大量のデータを扱う場合にも、統計学の知識が求められるのです。現在の機械学習は「統計的機械学習」と呼ばれるように、確率や統計を基礎とした技術です。このため、プログラミングやコンピュータに詳しくても、統計の考え方が理解できていないとプログラムを作れないのです。

　そんな中、統計学を学ぼうと思っても、数学の知識がないと読めない書籍がたくさんあります。

　数学に苦手意識がある人にとっては、純粋な統計学の教科書はハードルが高いでしょう。また、応用事例が取り上げられている本を手に取ってみても、手元のデータでどう使えばいいのかわからない、という問題があります。初心者にもわかりやすく、手に取りやすい図鑑なども増えていますが、入門書では実際に手を動かすところまでは書かれていない、と

いう問題もあります。プログラマにとっては、理論だけでなくソースコードが必要だという人も多いでしょう。

そこで本書では、統計学やデータ分析に関する処理を **Python と R を比較しながら解説**することで、それぞれの特徴を紹介しています。Python は機械学習など大規模なデータ分析によく使われ、R は統計処理を手軽に使える言語として有名です。多くの処理はそれほど違いを感じずに実装できるかもしれませんが、見比べることでその得意、不得意が見えてきます。

また、Python や R で用意されているライブラリを使うだけでなく、それぞれの背景にある数学的な部分も簡単に解説しています。実務ではライブラリを使うだけで十分かもしれませんが、その背景にある理論を理解していると、結果を正確に判断できます。もし Python と R 以外のプログラミング言語で実装する必要に迫られた場合でも、数学的な背景を理解していれば、ゼロから統計処理を書くこともできるでしょう。

統計学を学びたい、データを分析したいというエンジニアや学生の皆さんが直面する数学の壁を取り除きつつ、実際に手元にあるデータを分析するときに、本書が役に立つことを願っています。「これまで R を使っていたけれど、近年の人工知能ブームを受けて Python も使ってみたい」という方、「Python は仕事で使っているけれど、手軽に使える R に挑戦してみたい」という方も参考にしていただけると幸いです。

2021 年 4 月

増井敏克

謝　辞

本書の執筆にあたり、編集を担当していただいた株式会社ツークンフト・ワークスの三津田治夫様には出版社との調整を含め、企画段階からさまざまなアドバイスをいただきました。その他、本書の執筆にご協力いただいた皆様にも心から感謝申し上げます。

目　　次

第1章　データ分析や統計学が注目される理由　　1

1.1　データを正しく扱うのは難しい ………………………………… 2
　1.1.1　KKD（経験、勘、度胸）の問題点 ……………… 2
　1.1.2　作為的な表現や誤った解釈の蔓延 ……………… 4
　1.1.3　表計算ソフトの限界 ………………………………… 6
1.2　PythonとRの使用 …………………………………… 8
　1.2.1　実行環境を構築する ………………………………… 8
　1.2.2　PythonとRの基本を知る ………………… 12
　1.2.3　ライブラリとパッケージ ………………… 27
1.3　オープンデータを使う ………………………………… 39
　1.3.1　e-Stat …………………………………………… 39
　1.3.2　その他のオープンデータ ………………… 47
　1.3.3　データの匿名化 ………………………………… 50

第2章　基本統計量を知る　　53

2.1　データの分布を調べる〜度数分布表とヒストグラム ……… 54
　2.1.1　不要なデータを除外する ………………… 54
　2.1.2　度数分布表を作る ………………………………… 59
　2.1.3　分布を視覚化する ………………………………… 61
2.2　代表値を計算する〜平均と中央値、最頻値 ……………… 66
　2.2.1　誰でも知っている代表値〜平均 ……………… 66
　2.2.2　よく使われる代表値〜中央値、最頻値 ……… 69
2.3　ばらつきを数値化する〜分散と標準偏差 ………………… 75
　2.3.1　分布のばらつきとは ………………………………… 75
　2.3.2　分布を揃える〜標準化と偏差値 ……………… 82

2.4　データの種類を知る～名義尺度、順序尺度、間隔尺度、比例尺度
　　　　　　　　　　　　　　　　　　　　　　　　　　　　　　 86
　　2.4.1　数値化の壁 　　　　　　　　　　　　　　　　　　 86
　　2.4.2　データ尺度に応じた使い分けの注意点 　　　　　　 89
2.5　データの把握から分析へ 　　　　　　　　　　　　　 93
　　2.5.1　記述統計と推測統計の違い 　　　　　　　　　　　 93
　　2.5.2　グラフを描く 　　　　　　　　　　　　　　　　　 94

第3章　よく使われる分析手法を知る　　103

3.1　2次元でデータを見る～散布図 　　　　　　　　　　 104
　　3.1.1　散布図を作成する 　　　　　　　　　　　　　　　 104
　　3.1.2　さまざまな散布図を見比べる 　　　　　　　　　　 108
3.2　データの関係性を数値化する～共分散と相関係数 　　 111
　　3.2.1　数値化 　　　　　　　　　　　　　　　　　　　　 111
　　3.2.2　相関に騙されない～因果関係と擬似相関 　　　　　 118
　　3.2.3　多変量の相関 　　　　　　　　　　　　　　　　　 123
　　3.2.4　時系列同士の関係を見る 　　　　　　　　　　　　 127
3.3　アンケート分析の基本～クロス集計 　　　　　　　　 131
　　3.3.1　件数や合計を集計 　　　　　　　　　　　　　　　 131
　　3.3.2　多重クロス集計 　　　　　　　　　　　　　　　　 135
　　3.3.3　クロス集計を使うときの注意点 　　　　　　　　　 138
3.4　過去のデータから傾向を知る～移動平均 　　　　　　 140
　　3.4.1　時系列での大まかな変化を捉える～移動平均 　　　 140
　　3.4.2　直近のデータを重点的に見る～指数平滑化法 　　　 147
　　3.4.3　周期的なものを調べる 　　　　　　　　　　　　　 150

第4章　確率の基本と推定を知る　　157

4.1　確率 　　　　　　　　　　　　　　　　　　　　　　 158
　　4.1.1　無作為に選ぶ～母集団と標本 　　　　　　　　　　 158
　　4.1.2　確からしさを調べる～確率と期待値 　　　　　　　 162
　　4.1.3　繰り返すと収束する～中心極限定理と大数の法則 　 166
4.2　関数で分布を表現する～確率密度関数 　　　　　　　 168
　　4.2.1　連続型の確率変数 　　　　　　　　　　　　　　　 168

4.2.2 累積分布関数 ……………………………………………………… 173
4.3 推定する〜信頼区間 ………………………………………………… 176
4.3.1 推定の精度を考える …………………………………………… 176
4.3.2 母分散がわからない場合に推定する〜自由度 ……………… 181
4.3.3 母比率の区間推定 ……………………………………………… 185
4.4 条件付き確率を学ぶ〜ベイズ理論とベイズ推定 ………………… 189
4.4.1 同時確率と条件付き確率 ……………………………………… 189
4.4.2 ベイズの定理 …………………………………………………… 191

第5章 検定の手法を知る 195

5.1 逆の仮説から検証する〜帰無仮説と対立仮説、有意水準 …… 196
5.1.1 仮説が正しいか検証する〜検定 ……………………………… 196
5.1.2 検定を使うときの注意点 ……………………………………… 200
5.2 平均を検定する〜両側検定と片側検定 ………………………… 201
5.2.1 両側検定 ………………………………………………………… 201
5.2.2 片側検定 ………………………………………………………… 211
5.3 対応のあるデータ、対応のないデータを検定する〜t 検定の応用
……………………………………………………………………… 216
5.3.1 対応のあるデータ ……………………………………………… 216
5.3.2 対応のないデータ ……………………………………………… 221
5.4 分散を検定する〜χ^2 検定と F 検定 …………………… 227
5.4.1 分散の値を検定する …………………………………………… 227
5.4.2 複数の母集団のばらつきを比べる …………………………… 231
5.5 独立であるか検定する〜χ^2 検定 ………………………… 236
5.5.1 クロス集計 ……………………………………………………… 236
5.5.2 比率の検定 ……………………………………………………… 239
5.6 平均の検定の応用〜ウェルチの検定、分散分析 …………… 246
5.6.1 分散が等しくない母集団の平均の検定 ……………………… 246
5.6.2 3 つの母集団に対して検定する ……………………………… 249

第6章 将来の予測や分類に応用する 253

6.1 1 次関数を使って予測する〜回帰分析 ……………………… 254
6.1.1 回帰分析とは …………………………………………………… 254
6.1.2 数学的な背景を知る …………………………………………… 260

6.2 複数の変数から予測する～重回帰分析		265
6.2.1 重回帰分析とは		265
6.2.2 予測した関数を評価する		268
6.2.3 数学的に求める		270
6.3 質的データで予測する～数量化理論Ⅰ類		275
6.3.1 質的データでの回帰分析		275
6.4 確率の回帰分析を行う～ロジスティック回帰		278
6.4.1 確率と対数を使って回帰分析する～ロジスティック回帰分析		278
6.5 集めたデータを分類する～クラスタリング		285
6.5.1 非階層型クラスタリング		285
6.5.2 階層型クラスタリング		289

付録　基本的な数学知識の解説　293

A.1 関数（微分、積分、指数、対数）		294
A.1.1 微分		294
A.1.2 積分		300
A.1.3 指数関数と対数関数		302
A.2 ベクトルと行列		305
A.2.1 ベクトル		305
A.2.2 行列		308
索引		312

データのダウンロードについて

本書で使用したデータをオーム社ホームページで提供しています。

https://www.ohmsha.co.jp/book/9784274227059/

- 本ファイルは、本書をお買い求めになった方のみご利用いただけます。本書をよくお読みのうえ、ご利用ください。
- 本ファイルを利用したことによる直接的あるいは間接的な損害に関して、著作者およびオーム社は一切の責任を負いかねます。利用は利用者個人の責任において行ってください。

第 1 章

データ分析や統計学が
注目される理由

データを正しく扱うのは難しい

1.1.1　KKD（経験、勘、度胸）の問題点

■KKDとは

　私たちの普段の生活の中には仕事やプライベートを問わず、「見積」を求められる場面が数多く登場します。

　青果店などの小売業であれば、当日に売れる見込みがある量を、ある程度見積って仕入れています。もし見積よりも売れる量が少なければ、大量に在庫を抱えてしまいますし、売れる量が多ければ早々に在庫切れになってしまいます。

　工場などの製造業の場合は、指定された量を生産するのにかかる時間を考えないと、納期に間に合わないかもしれません。人員の配置や機械を動かす時間などを考えなければ、無駄が発生してしまいます。

　プライベートで買い物や旅行などに行くときでも、かかる時間や使う金額など、さまざまな見積が求められます。この見積は外れても大きな影響はないかもしれませんが、生活のリズムが狂ってしまうかもしれません。

　これらの見積をするにあたり、多くの人は過去の「経験」に基づいて行動しています。最初は経験がないため、想像から大きくずれてしまう見積でも、何度も繰り返しているうちにある程度安定してくるのです。

　経験でどうにもならなかった場合、「勘」を使います。どうせ当たらないけれど、勘でなんとかしようと考える人は多いかもしれません。「第六感」ともいわれ、視覚、聴覚、触覚、味覚、嗅覚の五感以外の能力を指すこともあります。そして、意外と当たると感じている人もいるでしょう。

　このように、見積などにおいて経験や勘、そして度胸で決めることは、その頭文字を取っ

て **KKD**（Keiken、Kan、Dokyo）と呼ばれます。ある程度はうまくいきますが、人によってその精度はバラバラです。うまくいったとしても再現性がないことが多いものです。

　そもそも経験がないものでは見積の精度が下がりますし、経験が邪魔をして時代の変化に対応できないこともあります。このように、一般的には KKD という言葉は悪い意味で使われることが多いです。

■ KKD に代わるもの

　KKD の問題点がわかったところで、それに代わる見積方法が必要です。マーケティングの現場では、売上や顧客の数を見積るためにアンケートを実施して、どれくらいの需要があるか調べようとするかもしれません。製造現場では、需要と供給のバランスを調べるために、過去の生産量や在庫の変化を使うかもしれません。ソフトウェア開発の現場では、COCOMO 法やファンクションポイント法、LOC 法[*1]などいくつかの方法が考えられます。

　これらの背景にあるのは**データ**の使用です。データというと、難しい数式や統計に関する知識が必要だと思うかもしれません。しかし、実際には小学校や中学校で学んだ基本的な算数や数学の知識を使うだけで十分なことも多いです。

　ここで重要なのは、経験や勘に対して「根拠」を示すことです。例えば、スーパーに買い物に行くとき、何分くらいかかるか見積る場面を考えてみましょう。経験から「1 時間くらいかな」と想像しても、そこには何の根拠もありません。

　ところが、過去 10 回の所要時間を調べた**表 1.1** のデータがあったとします。

●表 1.1　買い物の所要時間履歴●

日付	9/1	9/3	9/4	9/6	9/8	9/9	9/11	9/12	9/14	9/15
所要時間〔分〕	45	58	61	72	53	47	69	56	48	61

　このデータの平均を計算すると、57 分でした。このようなデータがあれば、その見積に対する根拠になります。計算に使ったのは平均を求める足し算と割り算だけなので、小学生でも難しくないでしょう。

　もちろん、より多くのデータがあれば、さまざまな視点から分析することも可能です。買ったときのレシートがあれば、購入点数や金額から、より詳しく分析できるかもしれません。スーパーまでの信号の数や経路、天気などの情報があれば、人間が気づかないことをデータから発見できることもあるでしょう。

　このように、多くのデータを組み合わせることで、見積の精度が上がる可能性があるの

---

*1　Lines Of Code の略。ソースコードの行数で見積る方法。

です。多くの企業では、社内外からデータを集め、専門のツールなどを用いて分析しています。

さらに、一度だけ分析するのでは意味がなく、継続して分析し、その精度を高めています。この分析に必要なのが、統計に関する知識です。

1.1.2　作為的な表現や誤った解釈の蔓延

■作為的な表現が使われていないか？

データを使うことで根拠を与えられる一方で、それを間違った方向で使ってしまうことは少なくありません。その背景には、大きくわけて2つの状況があると考えられます。

1つは、他者を騙すために作為的な表現をしていること、もう1つは、そもそもデータの使い方がわかっておらず、誤った解釈をしてしまうことです。

例えば、商品を購入した人にアンケートを実施して、500件の回答が集まったとします。このうち200件が「良い」、残りの300件が「悪い」という回答だったとします。このとき、あなたならどのように表現するでしょうか？

「購入者の4割に支持された商品」と書くとあまり印象が良くありませんが、「200人の購入者に支持された商品」と書くとたくさんの人が支持しているように見えます。

さらに、実は前年にも同じアンケートを実施していたとします。このときは200件の回答があり、そのうち「良い」が80件、「悪い」が120件だったとします。この場合、**図1.1**のように「良いと答えた人が前年の2.5倍に増加！」と書くとどうでしょうか？

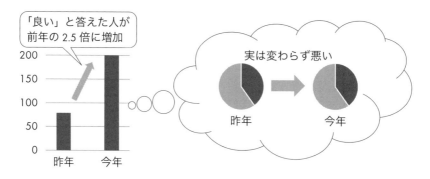

●図1.1　作為的に作成されたグラフ●

集計したデータについては間違っていませんし、それをグラフにして描くと、良さそうに見えます。しかし、その表現は不適切だといえます。

これは「実数」と「割合」を使い分けて人を騙すテクニックです。「良い」と答えた人数が増えているのは事実ですが、そもそも調査した件数が増えています。この場合、割合で

考えないと、正しい評価はできません。

■データの背景を理解しているか？

　自社の顧客に対して、あるアンケートを実施し、その結果を集計する事例を考えてみましょう。無記名で実施したアンケートで、参考までに職業や年齢、血液型なども回答していただくことにします。

　この結果を「職業が社長」の人の「血液型」で集計したところ、**表1.2**のような結果が得られました。

●表1.2　職業欄に「社長」と答えた人の血液型別の割合●

血液型	A型	B型	O型	AB型	合計
割合	41.2%	20.3%	29.8%	8.7%	100%

　ある分析者はこの結果から、「A型の人は社長に向いている」という結論を出しました。あなたはこの表を見て、どのように感じるでしょうか？

　たしかにA型の人が他の血液型と比べて多くなっています。つまり、社長になっている人はA型が多いように見えます。ただし、少し考えればわかることですが、このような分析は不適切だといえます。その理由は「全体における分布」を考えていないためです。実際、他の職業について同じように集計しても、結果は似たようなものになるでしょう。これは、「日本人の血液型の分布」を考えると明らかです。

　日本人の血液型の分布は、A型：B型：O型：AB型＝4：2：3：1程度になることが知られています。つまり、そもそも日本人にはA型が多いわけです。職業が社長である人だけを抜き出して、血液型で集計した結果が似たようなものになるのは「当たり前」です。

■データの出所によって結果は変わる

　正しくデータを集めていて、正しく分析していても、想定と異なる結果になる場合があります。取得したデータに何らかの特徴がある場合、その背景を知らずに一般論で考えてしまうことで、誤った判断をしてしまう可能性があるのです。

　例えば、ある場所で50m走を行ったときの平均タイムを求め、誕生日から導かれる「星座」によって集計すると、**図1.2**のようなグラフになりました。これを見て、あなたはどのように感じるでしょうか？

　星座によって50m走の平均タイムが変わる、という結果に対してちょっと違和感を感じるかもしれません。星座や血液型、干支などは占いではよく用いられますが、50m走のタイムにおいて星座別の違いがあるように思わない人が多いでしょう。もちろん、少ない

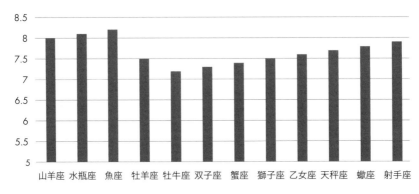

●図 1.2　星座別の 50 m 走の平均タイム●

データでの結果ではなく、全国のデータを集めても、星座によって平均タイムに差が出てしまう場合があるのです。それは小学生の場合です。特に低学年の場合、このような結果が出ることは珍しくありません。星座は誕生日によって決まるため、小学生の場合は 4 月生まれ（牡羊座、牡牛座）と 3 月生まれ（魚座、牡羊座）では体格の差などが大きく現れる傾向にあるからです。

　このような現象はビジネスの場面でも時々発生します。データとして数字になって出てくると結果を信用してしまいがちですが、その背景を考えないと正しく伝わらないものです。データの裏側にある事情や作為的な操作が行われていないか、といったことを考えずにグラフだけを見てしまうと、誤った認識を持ってしまう可能性があります。

1.1.3　表計算ソフトの限界

■手軽にできることの功罪
　データを分析しようと思ったとき、すぐに思いつくのは表計算ソフトの使用です。ここまでの集計やグラフであれば、表計算ソフトでも十分でしょう。このため、多くの企業がMicrosoft Office などのソフトウェアを導入しています。文書作成ソフトやプレゼンテーションソフトだけでなく、データベースソフトなども含まれており、便利に使っている人も多いでしょう。データベースを作るまでもないようなちょっとしたデータがあったとき、表計算ソフトはとても便利です。平均や合計は簡単に計算できますし、ちょっとした分析なら十分です。

　ところが、簡単であるために誰でも気軽に使える一方で、深く考えずにグラフを作ってしまう人が多いのも事実です。「とりあえず見栄えの良い資料を作りたい」「使い方がよくわからないけれど上司にいわれたから」など、さまざまな理由で表計算ソフトを使います。

正しく理解して使っていれば便利なソフトですが、その手軽さゆえに不適切な使い方をしていることに気づかない状況があるのです。本書では、こういったトラブルを防ぐためにも、統計に関する知識も含めて紹介していきます。

■表計算ソフトでできること、できないこと

例えば、代表的な表計算ソフトである Excel を使えばデータ分析に関する機能が一通り揃っているように感じるかもしれません。もちろん、集計やグラフの作成だけでなく、「データ分析ツール」などのアドインを追加すれば高度な分析も可能です。

一方で、ちょっと高度なことを分析しようとすると、突然難しくなるのも事実です。例えば、似たようなものを集める「クラスタリング（クラスター分析）[*2]」や「決定木[*3]」を使おうと思うと、表計算ソフトでは力不足です。

また、ビジネスの場面では多くのデータを毎日のように扱います。取引先から CSV 形式で提供されるデータを取り込んで、表計算ソフトで整形して、分析結果を社内の人が見られるようにファイルサーバーに配置して、という作業を繰り返している人も多いでしょう。もし操作や式が間違えていると、得られる結果も正しくなくなります。簡単に式を書き換えられてしまう、誤ったデータ形式でデータを入力してしまう、というデメリットもあるのです。必要なデータを誤って消したり上書きしたりすると、最初からやり直しになってしまいます。

さらに、手作業で実行していると何度も同じ処理を繰り返すのは面倒です。定型的な操作はマクロなどで自動化している場合もありますが、もっと効率良くできないか、と悩んでいる人も少なくありません。このような場合に便利なのがプログラミングです。プログラムを作ってしまえば、同じ処理が必要になったときが何度あっても、そのプログラムを実行するだけです。

そこで、本書では Excel ではなく、プログラミング言語の Python と R を使って統計処理を行う方法を紹介します。

---

*2 集団の中から似たものを集めてクラスターというグループを作って分類する方法。
*3 木構造を使って条件によってデータを振り分けて結論を導く方法。

PythonとRの使用

1.2.1 実行環境を構築する

■ プログラミング言語を選ぶ

　世の中には数多くのプログラミング言語が存在します。そして、それぞれに得意な分野があります。例えば、Web アプリを作るのであれば PHP や Ruby、iOS アプリであれば Objective-C や Swift、Android アプリなら Java や Kotlin、Windows アプリは C#や VB.NET、といった具合です。

　もちろん、C#で Web アプリを作ることもできますし、Java で Windows アプリを作ることもできます。このように、各プログラミング言語には「得意分野」がありますが、他のプログラムを作れないわけではありません。しかし、自分のやりたいことに近いプログラミング言語を選ぶことで、インターネット上に多くの事例を見つけられます。書籍やサンプルなども豊富に公開されており、スムーズに勉強できます。

　本書ではデータ分析や統計をメインで取り上げていますので、これらに強いプログラミング言語である Python と R を使います。いずれも無料で使えるプログラミング言語で、公式サイトからダウンロードして実行できます。

Python　`https://www.python.org`
R　　　　`https://www.r-project.org`

　Windows や macOS、Linux など、自分の使っている環境に合わせてダウンロードして、インストールするだけです。インストール方法などはインターネット上に多くの情報がありますので、探してみるとよいでしょう。本書ではインストール方法などは割愛します。また、インストールせずに試す方法も次ページ以降で紹介しています。

■ Web ブラウザで試す

　ここでは、Python と R をもっと手軽に使える方法として、「JupyterLab」を紹介します。JupyterLab は、Web ブラウザで実行できる開発環境です。Jupyter という名前は、「Julia」「Python」「R」というプログラミング言語から名付けられています。

　Julia は最近話題になっているプログラミング言語で、統計についてのライブラリが豊富です。また、処理が高速なことが特徴です。まだ利用者数が少ないため、資料などもあまり多くありませんが、今後は普及が期待される言語です。

　本書では Python と R を使った統計的な処理について解説しますので、両方の言語を同じ環境で使える JupyterLab は便利です。Jupyter の公式サイト[*4]にアクセスすると、JupyterLab を無料でインストールすることもできますし、まずは Web ブラウザで試すこともできます。本書で紹介するような基本的な計算だけであれば、何もインストールしなくても Web ブラウザさえあれば試せます。気軽に試してみると良いでしょう。

　なお、Jupyter 以外にも、Python や R の公式サイトからそれぞれインストールする方法もありますし、便利な IDE（統合開発環境）を備えた Anaconda[*5]などを使う方法もあります。また、パソコンの性能が不足している場合は、GCP[*6]などのクラウド上に JupyterLab を導入することで、必要に応じて高性能な実行環境を簡単に手に入れられるようになりました（もちろんそれだけお金はかかりますが）。

　本書では、基本的な関数を使うだけですので、Web ブラウザだけで試すことにします。本格的に Python や R を使ってみたい、もしくは業務で使いたい、という場合には、JupyterLab や Anaconda などをインストールすると良いでしょう。

　Web ブラウザで試すには、Jupyter の公式サイトから「Try it in your browser」のリン

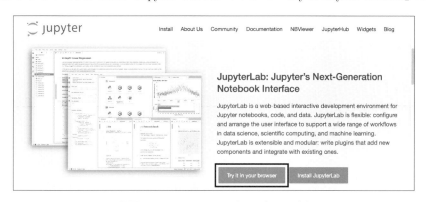

●図 1.3　JupyterLab のトップページ●

---

*4　https://jupyter.org
*5　https://www.anaconda.com
*6　Google Cloud Platform の略。https://console.cloud.google.com/

クをクリックします（**図1.3**）。すると、さまざまなJupyter製品を試すことができます（**図1.4**）。ここでは、「Try JupyterLab」を選択します。

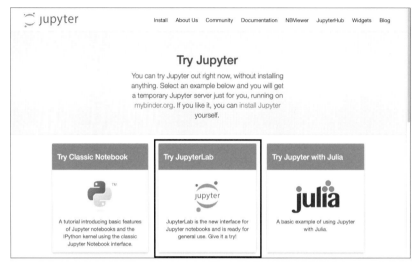

●図1.4　Try JupyterLab●

しばらく待つと、画面が**図1.5**のように変わります。

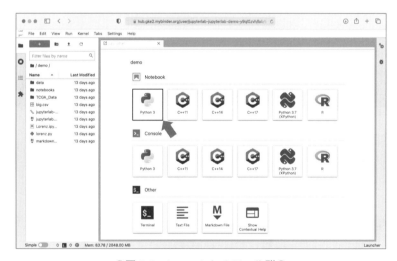

●図1.5　JupyterLabのツール群●

Notebookの「Python3」をクリックすると、**図1.6**のような画面が表示されます。
　この右側の入力欄にソースコードを入力します。Rの場合も同様に、「R」のNotebook
を開くだけです。

●図 1.6　JupyterLab での Python ●

■対話モードと実行モード

　Python や R には対話モードと実行モードが用意されています。対話モードでは、入力したソースコードを即時実行して、その結果を画面に表示してくれます。エラーがあれば、その場でエラー内容が表示されるため、初心者にはわかりやすいでしょう。

　一方、同じ処理を何度も実行したい場合は、ソースコードをファイルに保存して、まとめて実行します。このために使われるのが実行モードです。

　JupyterLab では、ソースコードを入力して、画面上部の実行ボタン（右向きの矢印）を押すと、対話モードで実行されます（Shift ＋ Enter キーを押しても実行できます）。もちろん、ソースコードをファイルに保存して実行することもできます。

　試しに、次のソースコードを入力してみましょう。これは Python の例ですが、R でも同じ内容で実行できます。

Python

```
print('Hello World')
```

```
Hello World
```

　これは、「print('Hello World')」と入力して実行ボタンを押すと、「Hello World」という結果が得られたことを示しています。JupyterLab の画面では、**図 1.7** のように表示されます。

実行ボタン

●図 1.7　JupyterLab での実行結果●

1.2.2 PythonとRの基本を知る

■基本的な計算

コンピュータは「計算機」と訳されるように、計算が得意な機械です。また、データ分析や統計に計算は必須ですので、その基本を学んでおきましょう。

四則演算は、PythonでもRでも普段使う数学の記号を使って計算できます。ただし、全角文字の「＋」や「−」は使えず、半角文字の「+」や「-」を使います。掛け算は「×」ではなく「*」を使います。

割り算については注意が必要で、Pythonでは「//」と「/」という2種類があります。「//」は割り算の商を整数で返すのに対し、「/」は割り算の結果を小数で返します。

Python（足し算）
```
2 + 3
```
```
5
```

Python（引き算）
```
5 - 2
```
```
3
```

Python（掛け算）
```
3 * 4
```
```
12
```

Python（割り算：答えを整数で返す）
```
13 // 2
```
```
6
```

Python（割り算：答えを小数で返す）
```
13 / 2
```

```
6.5
```

あまり（剰余）は「%」で、累乗は「**」を使って計算します。

Python（剰余）
```
11 % 3
```
```
2
```

Python（累乗）
```
2 ** 3
```
```
8
```

数学と同じように、掛け算や割り算が、足し算や引き算よりも優先して計算されます。これを「演算子の優先順位」といいます。

Python
```
3 + 5 * 2
```
```
13
```

Python
```
6 - 8 // 2
```
```
2
```

これらを R で書いてみましょう。もしこれまでの内容を残しておきたい場合は、画面の「File」メニューから「Save Notebook」を選んで保存しておきましょう。JupyterLab では、保存したファイルを右クリックして表示される「Download」を押すとダウンロードすることもできます。次回は画面左上にある上向きの矢印のボタンでアップロードすることもできます。

また、以下の R のソースコードを入力するには、R の Notebook を新たに作成します。画面左上の「+」ボタンから R の Notebook を選んで、以下を試してみましょう。

```
R（足し算）
2 + 3
```
```
5
```

```
R（引き算）
5 - 2
```
```
3
```

```
R（掛け算）
3 * 4
```
```
12
```

```
R（割り算：答えを整数で返す）
13 %/% 2
```
```
6
```

```
R（割り算：答えを小数で返す）
13 / 2
```
```
6.5
```

```
R（剰余）
11 %% 3
```
```
2
```

```
R（累乗）
2 ^ 3
```
```
8
```

```R
3 + 5 * 2
```

```
13
```

```R
6 - 8 %/% 2
```

```
2
```

見比べてみると、割り算とあまり、累乗の記述が異なっています。しかし、基本的には同じように書けることがわかるでしょう。以下、Python と R のソースコードを順に記載します。ソースコード左上の言語名を確認して、実行してください。

ほとんどのプログラミング言語では整数だけでなく、小数も同じように扱えます。例えば、Python と R で小数を掛け算した結果は次の通りです[7]。

```Python
2.5 * 1.2
```

```
3.0
```

```Python
2.3 * 3.4
```

```
7.819999999999999
```

```R
2.5 * 1.2
```

```
3
```

```R
2.3 * 3.4
```

---

[7] 2.3 × 3.4 の計算結果が「7.819999999999999」のように表示されていますが、これはコンピュータが 2 進数で計算する「浮動小数点数」というしくみによるものです。浮動小数点数について詳しくは「2.4.2 データ尺度に応じた使い分けの注意点」で解説しています。

```
7.82
```

■データ型とキャスト

プログラミング言語で扱うデータには、**データ型**という分類があります（単に**型**と呼ぶことも多いです）。そのデータを格納するときに必要なメモリの大きさに影響しますし、計算の結果が変わるため、プログラマはデータ型を意識する必要があります。

データ型を調べるには、Python では「type」に続く括弧に値をはさんで実行します。

```Python
type(3)
```

```
int
```

```Python
type(3.5)
```

```
float
```

```Python
type('abc')
```

```
str
```

R では「mode」に続く括弧で値をはさんで実行します。

```R
mode(3)
```

```
'numeric'
```

```R
mode(3.5)
```

```
'numeric'
```

```R
mode('abc')
```

```
'character'
```

　ある型のデータを、他の型に変換することを**キャスト**といいます。Python で整数型のデータを小数型に、小数型のデータを整数型にキャストするには、次のように指定します。

```Python
float(3)
```

```
3.0
```

```Python
int(3.5)
```

```
3
```

　上記の型を見るとわかるように、R では整数と小数を区別していません。このため、整数を小数に変換することは意味がありませんが、小数を整数に変換するには、「as.integer」を使います。

```R
as.integer(3.5)
```

```
3
```

■変数と代入

　メモリ上に値を一時的に格納しておくには**変数**を使います。メモリ上の変数は、プログラムを実行している間はコンピュータ上に残っており、プログラムが終了すると解放されます。Python や R で対話モードを使っているときは、対話モードを終了するまでの間、メモリ上に残っています。

　そこで、変数に値を格納して、計算結果を再利用することを考えます。Python でも R でも、アルファベットと数字、アンダーバー（アンダースコア）を使って変数に名前を付け

ることで変数を識別できます。このときの名前を**変数名**といいます[8]。なお、大文字と小文字は区別され、各言語で事前に予約されている名前（予約語）は使えません（**表1.3**）。

●表1.3　変数名として使える名前、使えない名前●

使える名前の例	使えない名前の例
tax_rate	8percent
x	10
when	if

　Pythonで変数に値を格納するには、「=」の左辺に変数名、右辺に格納したい値を書きます。これを**代入**といいます。

```Python
x = 10     # 変数「x」に10を代入する
x          # 変数「x」の内容を取り出す
```

```
10
```

```Python
y = 2 * 3 + 4 * 5  # 変数「y」に「2×3＋4×5」の結果を代入する
y                  # 変数「y」の内容を取り出す
```

```
26
```

```Python
x + y     # 変数「x」の内容と変数「y」の内容を加算する
```

```
36
```

　同様に、Rで変数に値を代入するには、「<-」の左側に変数名、右側に格納したい値を書きます[9]。逆に、「->」の左側に格納したい値を、右側に変数名を書くこともできます。これは、矢印のようなイメージを思い浮かべると良いでしょう。

---

[8]　1文字目はアルファベットかアンダーバー (_)、2文字目以降は英数字かアンダーバーを使用します。
[9]　Pythonと同じように「=」で代入することもできますが、Rでは一般的に「<-」を使います。

```R
x <- 10   # 変数「x」に 10 を代入する
x         # 変数「x」の内容を取り出す
```

```
10
```

```R
10 -> x   # 変数「x」に 10 を代入する
x         # 変数「x」の内容を取り出す
```

```
10
```

```R
y <- 2 * 3 + 4 * 5   # 変数「y」に「2 × 3 ＋ 4 × 5」の結果を代入する
y                    # 変数「y」の内容を取り出す
```

```
26
```

```R
x + y   # 変数「x」の内容と変数「y」の内容を加算する
```

```
36
```

　上記のように「#」を書くと、Python でも R でも、その行の後ろは**コメント**として扱われ、プログラムとしては無視されます。コメントは人がソースコードを読むときに開発者の意図を伝えるために使われることが多く、処理の概要などを記述しておきます。また、動作を確認する目的で一時的に実行させたくないソースコードをコメントにすることもあります。

■ 文字と文字列

　変数に値を代入するとき、数値や計算結果を格納しましたが、格納できる値は数値だけではありません。よく使われる例として、文字や文字列があります。文字列とは、複数の文字が並んでいるものを指します。

　Python でも R でも、文字と文字列は同じように扱うことができ、扱いたい文字列を「'」や「"」で囲って表現します。本書では、「'」で囲って表現することにします。例えば、次の処理を実行すると、変数 str に「data」という文字列が格納されます。

```Python
str = 'data'
```

```R
str <- 'data'
```

そして、変数の名前を指定すると、格納されている文字列を取り出せます。

```Python
str
```

```
'data'
```

```R
str
```

```
'data'
```

■リストと配列

　プログラムを作るとき、単一の値だけでなく、複数の値をまとめて扱いたいことは少なくありません。「表1.1買い物の所要時間履歴」での所要時間を考えると、変数を10個用意して、1つずつ変数に格納する作業を10回も記述するのは面倒です。10個のデータをまとめて1つの変数として扱えると便利です。

　これを実現する方法として、Pythonには**リスト(配列)**があります。リストに含まれる個々のデータを**要素**といい、特定の要素は先頭からの位置を指定してアクセスします（**図1.8**）。

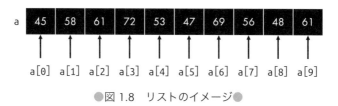

●図1.8　リストのイメージ●

　それぞれの要素にアクセスするには、a[0], a[1], ... のように0番から順に指定します。このため、a[3]と指定すると、先頭から4番目の要素を指定していることに注意しましょう。

　Pythonでリストを扱うには、「[」と「]」でデータをはさんで、コンマ区切りで記述します。

```Python
a = [45, 58, 61, 72, 53, 47, 69, 56, 48, 61]
len(a)          # 変数「a」のリストの長さを取得する
```

```
10
```

```Python
a[0]          # リストの先頭の要素を取得する
```

```
45
```

```Python
a[3]          # リストの 4 番目の要素を取得する
```

```
72
```

```Python
a[-1]          # リストの最後の要素を取得する
```

```
61
```

R では**ベクトル（ベクター）**というデータ構造を使うことで、同じように表現できます。ベクトルを作るには、先頭に c を書き、丸括弧の中にコンマで区切って要素を並べます。

R のベクトルの場合は、各要素にアクセスするとき、a[1], a[2], ... のように 1 番から順に指定します。

```R
a <- c(45, 58, 61, 72, 53, 47, 69, 56, 48, 61)
length(a)        # 変数「a」のベクトルの長さを取得する
```

```
10
```

```R
a[1]          # ベクトルの先頭の要素を取得する
```

```
45
```

```R
a[4]          # ベクトルの 4 番目の要素を取得する
```

```
72
```

```R
a[length(a)]  # ベクトルの最後の要素を取得する
```

```
61
```

Python ではリストの位置番号（インデックス）にマイナスの値を指定することで、リストの後ろの要素から数えてアクセスできるので、最後の要素を簡単に取得できました。しかし、R ではこのような指定ができないため、全体の要素数を位置番号に指定することで最後の要素を取得しています。

なお、R でマイナスの値を指定すると、その要素を除外したベクトルを返してしまいますので、注意が必要です。

```R
a <- c(45, 58, 61, 72, 53, 47, 69, 56, 48, 61)
a[-1]     # 変数「a」のベクトルから 1 つ目の要素を除外
```

```
58 61 72 53 47 69 56 48 61
```

Python でも R でも、範囲を指定することで、連続する要素をまとめて取得できます。

```Python
a = [45, 58, 61, 72, 53, 47, 69, 56, 48, 61]
a[1:3]              # 2 番目から 3 番目の要素を取得
```

```
[58, 61]
```

```Python
a[2:]               # 3 番目以降の要素を取得
```

```
[61, 72, 53, 47, 69, 56, 48, 61]
```

Python
```
a[:3]              # 3 番目までの要素を取得
```

```
[45, 58, 61]
```

ただし、R では範囲の指定を省略できませんので、開始と終了の範囲を指定します。

R
```
a <- c(45, 58, 61, 72, 53, 47, 69, 56, 48, 61)
a[2:3]              # 2 番目から 3 番目の要素を取得
```

```
58 61
```

R
```
a[3:length(a)]      # 3 番目以降の要素を取得
```

```
61 72 53 47 69 56 48 61
```

なお、Python のリストには異なる型のデータを格納できますが、R のベクトルには格納できません。例えば、Python では次のようなリストを作成でき、1 つ目の「1」と 4 つ目の「−2」を計算できます。

Python
```
data = [1, 'abc', 3.5, -2, True]
data[0] + data[3]
```

```
-1
```

しかし、R で次のように記述すると、エラーになります。

R
```
data <- c(1, 'abc', 3.5, -2, T)
data[1] + data[4]
```

```
Error in data[1] + data[4]: non-numeric argument to binary operator
Traceback:
```

この理由は、すべてのデータが文字列に変換されているためです。では、リストに代入

した値がどのような内容で変数に格納されているのか確認してみましょう。

```R
data
```

```
'1' 'abc' '3.5' '-2' 'TRUE'
```

　これを防ぐためには、ベクトル以外のデータ構造が必要です。Rにはベクトル以外にも「リスト」というデータ構造が存在します。この場合はPythonのリストと同様の処理が可能です。ただし、リストの要素にアクセスするには、次のように二重の [ ] で囲う必要があります（一重の [ ] の場合はリストの要素をリストとして取り出します）。

```R
data <- list(1, 'abc', 3.5, -2, T)
data[[1]] + data[[4]]
```

```
-1
```

　このように異なるデータ型を格納できるのは便利な一方で、思わぬ処理結果になる可能性があります。できるだけ使わない方が良いでしょう。そのため、本書ではベクトルを使用することにします。

■条件分岐

　ほとんどのプログラミング言語ではソースコードの上から順に処理を実行します。ここで、指定した条件を満たしたときにだけ処理を実行したい場合、「if」のあとに条件を指定します。条件を満たさない場合は「else」を使って処理を振り分けます。

```Python
if 条件式:
    条件を満たしたときに実行する処理
else:
    条件を満たさなかったときに実行する処理
```

　例えば、次の処理では、1行目で変数 a に 3 を代入しています。次に、a が 3 であるか調べて、3 と等しいときは「a is 3」を、等しくないときは「a is not 3」を出力しています。今回は a の値が 3 なので、「a is 3」が出力されています。このように条件式として値が等しいことを調べるには「==」のように「=」を2つ並べます。他にも「<」や「>」と

いった不等号が使えます。

```Python
a = 3
if a == 3:
    print('a is 3')     # 条件を満たしたとき「a is 3」を出力
else:
    print('a is not 3') # 条件を満たさなかったとき「a is not 3」を出力
```

```
a is 3
```

このように Python では、条件によって分岐する範囲を**インデント（字下げ）**によって表現します。条件分岐の中で複数の処理を指定する場合は、条件を満たしたときに実行する部分をインデントします。Python ではインデントに 4 つのスペースを使うことが一般的です。

一方、R では分岐する範囲を「{」と「}」で囲って表現します。このとき、インデントする必要はありませんが、読みやすくするため、4 文字のスペースでインデントするとよいでしょう。

```R
a <- 3
if (a == 3) {
    print('a is 3')     # 条件を満たしたとき「a is 3」を出力
} else {
    print('a is not 3') # 条件を満たさなかったとき「a is not 3」を出力
}
```

```
"a is 3"
```

■ リストを順に処理する

リストやベクトルに含まれる要素を 1 つずつ取り出して、順にアクセスすることも可能です。Python でリストを順に処理するには、「for」に続けて、取り出した値を格納する変数を指定します。そのあとに「in」に続けてリストを指定することで、そのリストの要素を順に取り出して変数に格納できます。

```Python
for 変数 in リスト:
    実行したい処理
```

次のプログラムでは、「表 1.1 買い物の所要時間履歴」で紹介した買い物の所要時間が偶数のものを出力しています。

```Python
for i in [45, 58, 61, 72, 53, 47, 69, 56, 48, 61]:
    if i % 2 == 0:  # 2 で割ったあまりが 0 か判定(偶数のときに成立)
        print(i)
```

```
58
72
56
48
```

このように、偶数のものを求めるために、2 で割ったあまりが 0 であるか判定する方法はよく使われます。

一般的にはリストを順に処理するよりも、リストに対して条件を指定して、その条件を満たすリストを返した方が便利です。そこで、Python では**リスト内包表記**がよく使われます。リスト内包表記は、数学での「集合」を表すときの書き方に似ています。例えば、数学では次のような書き方をします。

$$\{x \mid x \text{ は } 10 \text{ 未満の自然数} \}$$

同じように、Python では次のような書き方ができます。これは、リストの中から条件を満たすものだけを抽出したリストを作ります。

```Python
[変数 for 変数 in リスト if 条件]
```

具体的には、次のように記述します。

```Python
a = [45, 58, 61, 72, 53, 47, 69, 56, 48, 61]

[i for i in a if i % 2 == 0]  # リスト内包表記でリストを作成
```

```
[58, 72, 56, 48]
```

　リスト内包表記を使うと、1つずつループで繰り返すよりも高速に処理できることが知られていますので、この書き方に慣れておきましょう。

　Rでは、リストから一部の要素を取り出したときに範囲を指定したように、条件を指定できます。

```R
a <- c(45, 58, 61, 72, 53, 47, 69, 56, 48, 61)

a[a %% 2 == 0]  # 範囲を指定する代わりに条件を指定
```

```
58 72 56 48
```

　Rではループを使うことはほとんどありません。このように、条件を指定して抽出する方法が一般的ですので、使いこなせるようにしましょう。

1.2.3　ライブラリとパッケージ

■関数の使用

　複雑な処理を何度も実行するような場合、その処理を何度も書くことはできますが、ひとまとめにして名前をつけておくと便利です。処理に名前をつけて呼び出せるようにしたものを**関数**といいます。例えば、ここまでに使ってきた「print」や「len」「length」などは関数です。

　printでは、出力したい値を括弧の中で指定すると、その値が出力されました。このように、関数に渡す値を**引数**といいます。また、lenやlengthでは、関数を実行した結果、引数として渡した文字列の長さを返してくれました。このように、関数から返される値を**戻り値**や**返り値**といいます。

　関数はプログラミング言語によって用意されているものだけでなく、自分で定義することもできます。Pythonで関数を定義するには、「def」キーワードを使います[10]。

---

*10 def は define（定義する）の略です。

```Python
def 関数名 (引数):
    実行する処理
    return 戻り値
```

　例えば、身長と体重という 2 つの引数を受け取って、BMI[*11]を返す関数は次のように作成できます。

```Python
def bmi(height, weight):
    result = weight / height / height
    return result
```

　この関数を実行するには、次のように記述します。

```Python
bmi(1.88, 75)  # 身長 1m88cm、体重 75kg の場合
```

```
21.22000905387053
```

　R で関数を作成する場合は、次のように記述します。

```R
関数名 <- function(引数) {
    実行する処理
    return (戻り値)
}
```

　上記の BMI を求める関数は、次のように記述して、呼び出します。

```R
bmi <- function(height, weight) {
    result <- weight / height / height
    return (result)
}
bmi(1.88, 75)  # 身長 1m88cm、体重 75kg の場合
```

---

*11 ボディマス指数：身長と体重から肥満度を表す指数。この値が 18.5〜25 であれば普通体重と判定される。

■ Python の便利なライブラリ

関数は標準で用意されているものや、自分で作るものだけではありません。他の人が開発したもので、その内容が公開されていれば、それを使えると便利です。Python や R でも、多くの企業や組織、個人が開発した関数が公開されています。

Python では、いくつかの関数が含まれたファイルを**モジュール**といいます。そして、モジュールを集めたものを**パッケージ**、パッケージを集めたものを**ライブラリ**といいます（**図 1.9**）。

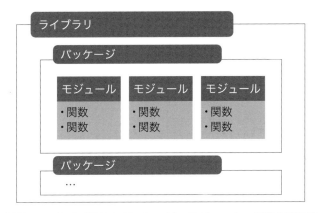

●図 1.9　ライブラリとパッケージ、モジュール、関数の関係●

ライブラリをインストールすることで、そのライブラリに含まれる関数を使えるようになります。特に科学技術計算については、専用のライブラリを使うことで高速に実行できます。

Python の代表的なライブラリとして **NumPy** があります。NumPy は配列処理に特化したライブラリで、Python の多くのライブラリが NumPy に依存しています。手元の環境で NumPy を使用するには、NumPy をダウンロードしてインストールします。Python にはライブラリのダウンロードやインストールに便利な「`pip`」という管理コマンドが同梱されていますので、Windows では Powershell やコマンドプロンプトで、macOS や Linux であればターミナルで次のコマンドを実行します（JupyterLab などを使っている場合には、すでに標準で導入されていますので、ダウンロードやインストールの作業は不要です）。

```
$ pip install numpy
```

なお、macOS や Linux の場合は、`pip` コマンドでは Python 2 系が実行される場合があります。Python 3 系を実行するには、「`pip3`」というコマンドを実行する必要があります。以下、自身の環境に合わせて読み替えてください。

　インストールが完了したあとに、Python のソースコードの先頭でライブラリをインポートすると、そのソースコード内で NumPy の関数を使えるようになります。例えば、次の処理を実行すると、NumPy をインポートし、`np` という名前で使えます。

```Python
import numpy as np
```

　Python でのデータ分析には **pandas** というライブラリもよく使われます。pandas はデータの入出力や統計処理などが得意で、NumPy とも親和性が高く、NumPy が持つユニバーサル関数という関数をそのまま適用できます。また、NumPy のデータ型との変換も容易に実現できます。

　pandas を使用するには、NumPy と同様に `pip` コマンドでダウンロード、インストールします。

```
$ pip install pandas
```

　ソースコード中で次のようにインポートすると、`pd` という名前で使えます。

```Python
import pandas as pd
```

　分析した結果を人に説明するには、グラフなどで可視化する必要があります。このときに便利なライブラリとして **Matplotlib** があります。

　Matplotlib を使えばさまざまなグラフを簡単に描画でき、細かな設定も可能です。本書では基本的なグラフを描くため、Matplotlib のうち、`pyplot` というモジュールだけを使います。

　Matplotlib をインストールするには、次のコマンドを実行します。

```
$ pip install matplotlib
```

　Matplotlib の `pyplot` モジュールを次のようにインポートすると、`plt` という名前で使えます。

Python
```
import matplotlib.pyplot as plt
```

また、数学などの科学技術計算に得意なパッケージとして **SciPy** があります。SciPy を
インストールするには、次のコマンドを実行します。

```
$ pip install scipy
```

例えば、積分を簡単に計算するために、SciPy の `integrate` 関数が使えます。

Python
```
import scipy

scipy.integrate(x)
```

毎回 `integrate` の前に `scipy` を書くのが面倒な場合は、次のように `from` を指定して書く
こともできます。特定の関数だけを使いたいような場合は、このような書き方の方が便利
でしょう。

Python
```
from scipy import integrate

integrate(x)
```

また、本書の後半では機械学習で便利なライブラリとして **scikit-learn** も使います。scikit-
learn をインストールするには、次のコマンドを実行します。

```
$ pip install scikit-learn
```

本書で Python を使う場合は、以上の NumPy、pandas、Matplotlib、SciPy、scikit-learn
を使って分析を行います。

■ R のパッケージ

R では、CRAN[*12]と呼ばれるパッケージのリポジトリ（保管庫）があります。CRAN で
公開されているパッケージをダウンロードしてインストールすると、Python の場合と同じ

---

*12 https://cran.r-project.org

ように使えます。

　本書で扱う範囲であれば、パッケージをダウンロードする必要はありませんが、例として **dplyr** を紹介します。R では標準でさまざまなデータ操作が可能ですが、dplyr を使うと、データベースを扱う SQL と似たような感覚でデータを操作できます。

　dplyr をインストールするには、R の実行環境で次のコマンドを実行します。

R

```
install.packages('dplyr')
```

　インストールしたパッケージを使えるようにするには、ソースコードの中でそのパッケージを呼び出します（**図 1.10**）。

R

```
library(dplyr)
```

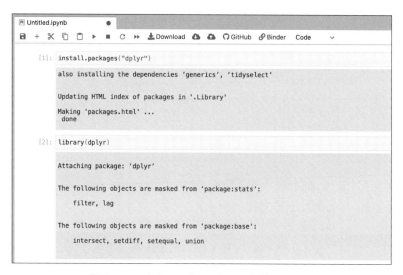

●図 1.10　dplyr のインストールと読み込み●

■データフレーム

　リストやベクトルは 1 次元でしたが、ビジネスで使うことを考えると、Excel の表のような 2 次元でデータを扱うことが一般的です。2 次元のデータを扱う方法として、リストを 2 重にした 2 重リストを使う方法があります（**図 1.11**）。

　Python では 2 重リストで表現できますし、R では「matrix」という関数を使う方法もあります。

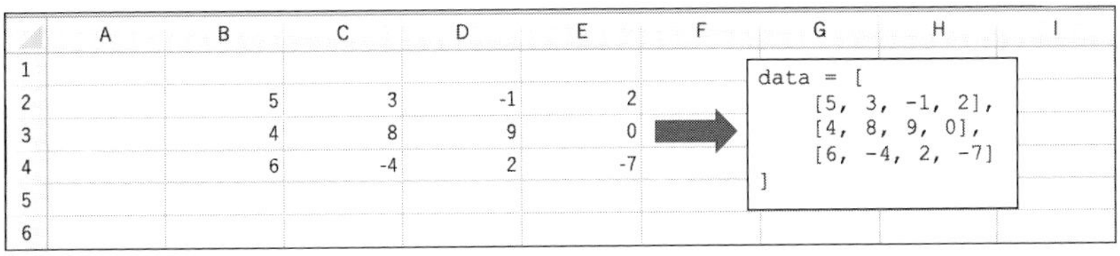

●図 1.11　2 重リストの表現●

　このようなデータ構造を使う方法もありますが、統計的な処理をする場合は、**データフレーム**と呼ばれるしくみが便利です。データフレームでは列に名前をつけることもできます。ここでは、**表 1.4** のようなデータフレームを作成してみます。

●表 1.4　データフレームの例●

氏名	数学	英語
山田太郎	90	50
鈴木花子	80	70
高橋次郎	75	80
佐藤三郎	88	65

　Python では pandas の `DataFrame` を使うと便利です。`DataFrame` の引数に 2 次元リストを渡すと、`DataFrame` オブジェクトを作成できます（**図 1.12**）。

Python
```python
import pandas as pd

data = [
    ['山田太郎', 90, 50],
    ['鈴木花子', 80, 70],
    ['高橋次郎', 75, 80],
    ['佐藤三郎', 88, 65]
]
score = pd.DataFrame(data, columns=['氏名', '数学', '英語'])
score
```

　データフレームのサイズを調べるには「shape」という属性を、行数や列数を調べるには「len」という関数を使います。

Python
```python
score.shape
```

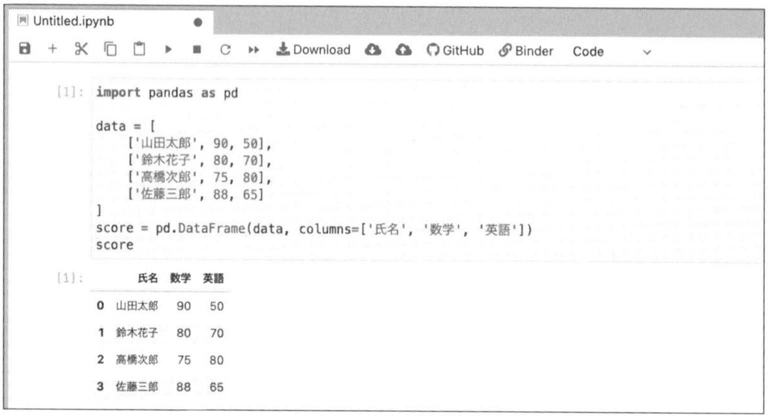

●図 1.12　Python でのデータフレーム●

```
(4, 3)
```

```Python
len(score)
```

```
4
```

```Python
len(score.columns)
```

```
3
```

Python のデータフレームでは、次のように指定してデータを取り出せます。

```Python
score['数学']
score['英語']
score.数学
score.英語
```

　なお、この取り出した値は DataFrame ではなく、Series という 1 次元のデータ構造になっています（**図 1.13**）。

　また、数学の点数が 80 点より大きい生徒を抽出するには、次のように指定します。

●図 1.13　score['数学'] の実行結果●

Python

```
score[score.数学 > 80]
```

さらに、氏名と数学の列だけ抽出したい場合は、次のように指定します（**図1.14**）。

Python

```
score[score.数学 > 80][['氏名','数学']]
```

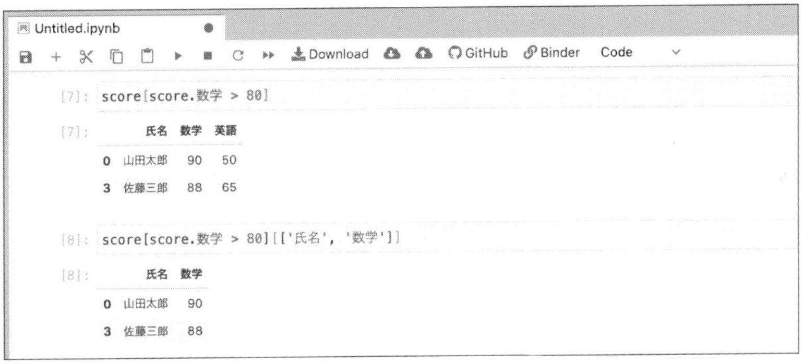

●図 1.14　Python で条件を指定して抽出する例●

R でデータフレームを作成するには、ベクトルから作る方法と、ファイルから読み込んで作る方法があります。ここでは、複数のベクトルからデータフレームを作成してみます（**図1.15**）。ファイルから読み込んで作る方法については、Python の場合と合わせて第2章で紹介します。

R

```
name <- c('山田太郎','鈴木花子','高橋次郎','佐藤三郎')
math <- c(90, 80, 75, 88)
english <- c(50, 70, 80, 65)
score <- data.frame(氏名=name, 数学=math, 英語=english)
score
```

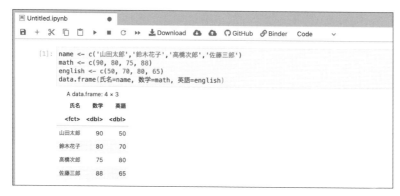

●図 1.15　R でのデータフレーム●

　このデータフレームのサイズを調べるには「dim」[13]という関数を、行数を調べるには「nrow」[14]を、列数を調べるには「ncol」[15]を使います。

```R
dim(score)
```

```
4 3
```

```R
nrow(score)
```

```
4
```

```R
ncol(score)
```

```
3
```

　R のデータフレームでは、次のようにデータを取り出せます。

```R
score$数学
```

*13 dim は dimension（次元）の略です。
*14 nrow は n 個の row（行）という意味です。
*15 ncol は n 個の column（列）という意味です。

```
90 80 75 88
```

```R
score$英語
```

```
50 70 80 65
```

```R
score[,2]
```

```
90 80 75 88
```

```R
score[,3]
```

```
50 70 80 65
```

数学の点数が 80 点より大きい生徒を抽出するには、次のように指定します。

```R
score[score$数学>80,]
```

列を指定して抽出するには、次のように実行します（**図 1.16**）。

```R
score[score$数学>80,c('氏名','数学')]
```

先ほど紹介した dplyr を使うと、次のようにデータフレームを操作できます。このように、%>%という記号でつなぐと、順に処理が流れていくため、目線の動きに沿ってソースコードが読め、処理内容をスムーズに理解できます（**図 1.17**）。

```R
library(dplyr)
score %>% filter(数学 > 80) %>% select(氏名,数学)
```

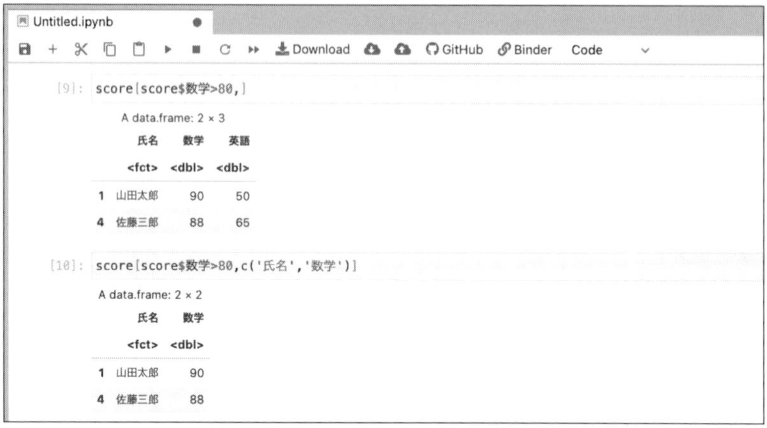

●図 1.16　R で条件を指定して抽出する例●

●図 1.17　dplyr で条件を指定して抽出する例●

[1.3]
オープンデータを使う

1.3.1　e-Stat

■ 手軽に使えるデータ

　データ分析をしようと思ったとき、最初のハードルとして「データがない」ことが挙げられます。「整形されたデータがなく、そのデータを用意するのが大変だ」という方が正確かもしれません。企業であれば、ある程度のデータが揃っているかもしれません。しかし、個人情報などが含まれていて、気軽に使えないことも少なくありません。

　データ分析を勉強したいだけなのに、データを自分で作るのは非常に面倒です。そこで、誰でも使えるように公開されているデータを使う方法が考えられます。

　最近では、政府や地方公共団体が持っているデータを公開する流れがあり、**オープンデータ**と呼ばれています。例えば、日本の統計データが閲覧できるサイトとして、総務省統計局が提供している e-Stat[16]があります。すでに統計処理されたものが中心で、そのまま使えることが特徴です。

　私たちがやりたいのは生データを使った分析なので、すでに集計されているものではあまり役に立たないと思うかもしれません。しかし、さまざまな視点から集計されているので、統計の感覚を養うには便利なデータです。また、統計学習サイト[17]なども公開されており、統計を学ぶときには一度は目を通しておきたいものです。

　さらに、開発者にとって便利なのが「API 機能[18]」です。統計データが XML や JSON、CSV といったデータ形式で提供されており、プログラムから簡単に取得して処理できるようになっています。

---

[16] https://www.e-stat.go.jp
[17] https://www.stat.go.jp/edu/
[18] https://www.e-stat.go.jp/api/

本書では主にこの e-Stat にあるデータを使用します。単純な CSV データや Excel ファイルをダウンロードするだけであれば、ユーザ登録などは不要です。

■e-Stat にある代表的なデータ

e-Stat に掲載されているデータは**政府統計**と呼ばれます。政府統計データとして、**表 1.5** のようなものがあります。

●表 1.5 e-Stat での代表的な統計データ●

分類	例
人口	国勢調査、人口推計、人口動態調査など
住宅	住宅・土地統計調査、土地動態調査など
労働・賃金	労働力調査、就業構造基本調査など
企業	経済センサス、サービス産業動向調査など
家計	家計調査、家計消費状況調査、消費者物価指数、消費動向指数など

さらに、e-Stat では**統計 GIS** という地理情報システムも提供されています。国勢調査や経済センサスなどのデータを地図上に表示することで、視覚的に把握できます（**図 1.18**）。

●図 1.18 統計 GIS ●

■CSV 形式のファイルをダウンロードする場合

e-Stat では CSV データや Excel ファイルが提供されていますが、データ分析に使うデータとしてもっとも扱いやすいのは CSV 形式のデータでしょう。「Comma Separated Value」という名前の通り、コンマで分割されたテキストファイルで、Excel などの表計算ソフトだけでなく、テキストエディタでも簡単に編集できます。もちろん、プログラミング言語で取り込んで使うにも便利です。

CSV 形式のデータを使用する場合、例えば、国勢調査における「男女別人口−全国，都道府県（大正 9 年〜平成 27 年）」というデータから、都道府県別の人口を調べる場面を考えてみましょう。このデータを e-Stat の中から検索すると、CSV 形式でダウンロードできます。

ダウンロードするには、e-Stat のトップページのキーワード検索欄に「国勢調査」と入力します（**図 1.19**）。

●図 1.19　検索条件に「国勢調査」と入力●

表示された検索結果から「国勢調査」を選択し、「時系列データ」の「ファイル」を選択します（**図 1.20**）。

「CSV 形式による主要時系列データ」から「男女別人口−全国，都道府県（大正 9 年〜平成 27 年）」をダウンロードします。このデータは第 2 章で使用します（**図 1.21**）。

●図 1.20　国勢調査の時系列データを選択●

●図 1.21　男女別人口の CSV データをダウンロード●

■ Excel データをダウンロードし、整形する場合

　e-Stat では、Excel 形式でダウンロードできるようになっているものも多く公開されて
います。企業で使うパソコンでは Excel がインストールされていることも多く、Excel 形
式のファイルを使うと、初心者でも扱いやすいでしょう。

　しかし、Excel 形式のファイルを使うのは便利な一方で、Python や R で処理しようと考
えると、別途ライブラリを使う必要があるなど、面倒なこともあります。そこで、Excel で
ダウンロードして必要な項目だけを抽出、整形して CSV で保存する、という使い方も便利
です。

　Excel 形式のデータを使用する場合、例えば、国勢調査のデータのうち都道府県・市区町
村別統計表についての情報を使ってみましょう。e-Stat のトップページのキーワード検索

欄に「国勢調査」と入力し、表示された検索結果から「国勢調査」を選択します。「都道府県・市区町村別統計表（国勢調査）」の「ファイル」を選択し、「都道府県・市区町村別統計表（男女別人口，年齢3区分・割合，就業者，昼間人口など）」から平成27年の「都道府県・市区町村別統計表（一覧表）」のExcelファイルをダウンロードします。

ダウンロードしたファイルを開くと、**図1.22**のようなデータでした。

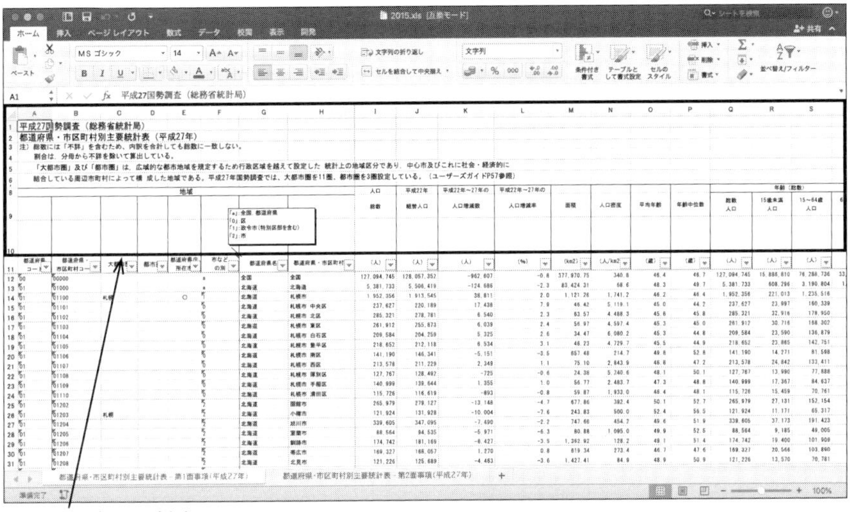

不要な部分を削除

●図 1.22　都道府県・市区町村別統計表（一覧表）●

　ここから、ヘッダ行の上にある不要な部分を削除し、必要な列だけを残しましょう。そして、ファイルの種類をCSV形式にして保存すれば、CSVファイルを作成できます。

■データベース機能を使って、CSV形式で出力する

　e-Statでは、CSVファイルやExcelファイルをダウンロードできるだけでなく、データベース（DB）機能があります。これを使えば、自分の欲しい項目だけを画面上で指定し、その結果だけを確認してダウンロードできます。先ほど行ったCSVファイルやExcelファイルから必要な項目を抽出するよりもわかりやすい場合がありますので、実際に試してみましょう。ここでは、都道府県別に外国人の総数と、都道府県の総人口を抽出してみます。

　e-Statのトップページのキーワード検索欄に「国勢調査」と入力して検索を行い、表示された検索結果から「国勢調査」を選択します。「平成27年国勢調査」の「ファイル」を選択し、「人口等基本集計（男女・年齢・配偶関係，世帯の構成，住居の状態など）」の「全国結果」から、表番号の「外国人」の中にある「国籍(12区分)，男女別外国人数(総人口及び日本人-特掲) － 全国※，全国市部・郡部，都道府県※，都道府県市部・郡部，市区町

村※」の DB を開きます。そして、各都道府県の外国人の総数と、都道府県の総人口だけを表示するように表示項目を選択[*19]し、ダウンロードボタンを押します（**図1.23**）。

●図 1.23　e-Stat からダウンロード●

ダウンロード時には、ヘッダやコードを出力しないように設定し、選択した項目だけを出力します（**図1.24**）。

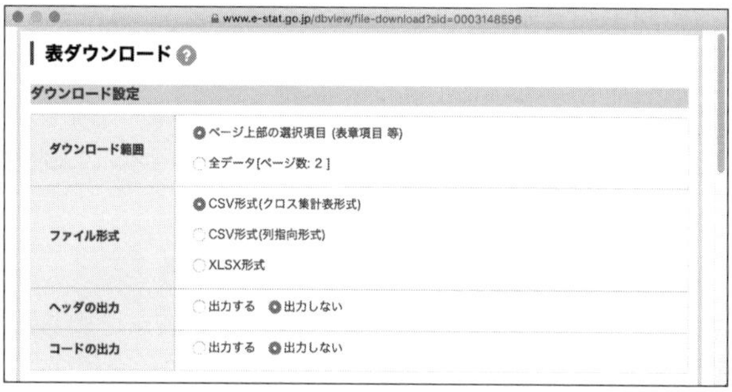

●図 1.24　e-Stat からのダウンロード項目●

このファイルではヘッダが 2 行になっているため、ダウンロードしたあとにテキストエディタなどで 1 行目を削除しておくとよいでしょう。このデータは第 3 章で使用するため、「foreigner.csv」というファイル名で保存しておきましょう。

---

*19 画面左の「表示項目選択」をクリックし、「国籍_2015」の「項目を選択」し、スクロールメニューから「総数（国籍）」と「（別掲）総人口」のみを選択して確定します。「男女別_2015」のところで「全解除」をクリックしてから「総数（男女別）」だけを選択して確定、「地域（2015）」のところで都道府県名のみを選択（全解除したあと、「北海道」を選択して画面下の「同一階層の選択/解除」の選択をクリックすると楽です）して確定します。

Column　API 機能を使う

　API 機能[20]を利用するには、政府統計の総合窓口（e-Stat）のユーザ登録が必要です。本書では、この方法で取得したデータは使いませんが、使い方だけ紹介します。

　まず、e-Stat のトップ画面にある「新規登録」からユーザ登録を行い、ユーザ ID を取得します。次に、取得したユーザ ID でログインしたあとのマイページにある「API 機能（アプリケーション ID 発行）」から、アプリケーション ID の発行手続きを行います（**図 1.25**）。

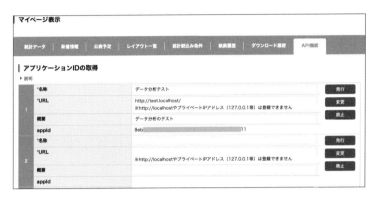

●図 1.25　e-Stat のマイページからアプリケーション ID を発行●

　このアプリケーション ID を使うと、例えば Python のプログラムから直接データを取得することもできます。e-Stat が公式に Python ライブラリも公開しています[21]が、Python 2 系で開発が止まってしまっているのが残念なところです。

　ここでは、このライブラリを使わずに直接取得することにします。統計データを取得する API は、次のような URL に対してリクエストすることで結果を得られます。

```
// XML の場合
http://api.e-stat.go.jp/rest/<バージョン>/app/getStatsData?<パラメータ群>

// JSON の場合
http://api.e-stat.go.jp/rest/<バージョン>/app/json/getStatsData?<パラメータ群>
```

　試しに、国勢調査のデータにアクセスしてみましょう。

　e-Stat のトップページでキーワード検索欄に「国勢調査」と入力し、検索ボタンをクリックします。検索結果から「国勢調査」→「平成 27 年国勢調査」のデータベースを選択し、

---

[20] 手作業でデータを扱うのではなく、プログラムからデータを取得し、操作する機能。

[21] https://github.com/e-stat-api/adaptor

「最終報告書「日本の人口・世帯」統計表」を開きます。

　この中で、「人口及び人口の割合－全国，全国市部・郡部（大正 9 年～平成 27 年)」の API は次の URL が指定されています。

```
http://api.e-stat.go.jp/rest/3.0/app/getStatsData?appId=<アプリケーション ID>&
lang=J&statsDataId=0003411172&metaGetFlg=Y&cntGetFlg=N&explanationGetFlg=Y&
annotationGetFlg=Y&sectionHeaderFlg=1
```

　これを Python で呼び出してみます。

　また、appId の部分に、先ほどログインして取得した API 機能アプリケーション ID を指定して実行します。

Python
```
import urllib.request

response = urllib.request.urlopen(
    'http://api.e-stat.go.jp/rest/3.0/app/getStatsData?'\
    'appId=xxxxxxxxxxxxxxxxxxxxxxxxxxxxxxxxxxxxxxxxx&'\
    'lang=J&statsDataId=0003411172&metaGetFlg=Y&cntGetFlg=N&'\
    '&explanationGetFlg=Y&annotationGetFlg=Y&sectionHeaderFlg=1')
html = response.read()
print(html.decode('utf-8'))
```

　このように、URL などを 1 行に書くと長くなってしまう場合は、途中で区切って行末にバックスラッシュ（\）を書きます。このバックスラッシュがあると、その後ろの改行が無視され、行が継続していると判断されます。なお、今回のように文字列が分割されている場合は結合されます。これを実行すると、**図 1.26** のような XML 形式でのファイルが表示されました。

　また、次のように指定すると、JSON 形式でのファイルが表示されます。

Python
```
import urllib.request

response = urllib.request.urlopen(
    'http://api.e-stat.go.jp/rest/3.0/app/json/getStatsData?'\
    'appId=xxxxxxxxxxxxxxxxxxxxxxxxxxxxxxxxxxxxxxxxx&'\
    'lang=J&statsDataId=0003411172&metaGetFlg=Y&cntGetFlg=N&'\
    'explanationGetFlg=Y&annotationGetFlg=Y&sectionHeaderFlg=1'
```

```
html = response.read()
print(html.decode('utf-8'))
```

●図 1.26　XML 形式のデータ●

1.3.2　その他のオープンデータ

■昔からよく使われるデータ

　データ分析や機械学習の性能を比較するために、昔から論文で多く使われているデータがあります。以下で紹介するデータは R では標準で用意されており、Python では scikit-learn を読み込んだり、ダウンロードしたりすることで使用できます。

(例1)アヤメの品種データ「iris」

　表1.6 にある4つの属性をもとに、花のアヤメの品種を予測するデータセットで、Python では次のように読み込めます。

Python
```
from sklearn.datasets import load_iris

iris = load_iris()
iris
```

　R では標準で iris という名前の変数に格納されていますので、それを表示してみます。

●表 1.6　アヤメの品種データの例●

がく片の長さ (sepal length)	がく片の幅 (sepal width)	花弁の長さ (petal length)	花弁の幅 (petal width)	品種
5.1	3.5	1.4	0.2	setosa
4.9	3.0	1.4	0.2	setosa
4.7	3.2	1.3	0.2	setosa
4.6	3.1	1.5	0.2	setosa
5.0	3.6	1.4	0.2	setosa
…	…	…	…	…
6.5	3.0	5.2	2.0	virginica
6.2	3.4	5.4	2.3	virginica
5.9	3.0	5.1	1.8	virginica

（例 2）タイタニック号の乗船客データ「Titanic」

　映画で有名なタイタニック号の沈没事故において、乗船客の属性から生存者を予測するデータセットです（**図 1.27**）。乗客ごとに、生存状況や性別、年齢、客室などの情報が集計されており、R では Titanic という名前の変数に格納されています。

■データカタログサイト

　e-Stat で探しにくい場合、検索が便利なサイトを使う方法があります。例えば、無償で利用できる公共データが集められているサイトとして、「データカタログサイト[22]」があります。PDF 形式で提供されているなど、使いにくいものもありますが、検索する際にファイルのフォーマットとして「CSV」などを指定できます。このサイトを使って、e-Stat のデータを検索することも可能です。

　また、政府 CIO では「オープンデータ100[23]」という取組みも行われており、オープンデータの利活用事例が紹介されています。

---

[22] https://www.data.go.jp
[23] https://cio.go.jp/opendata100

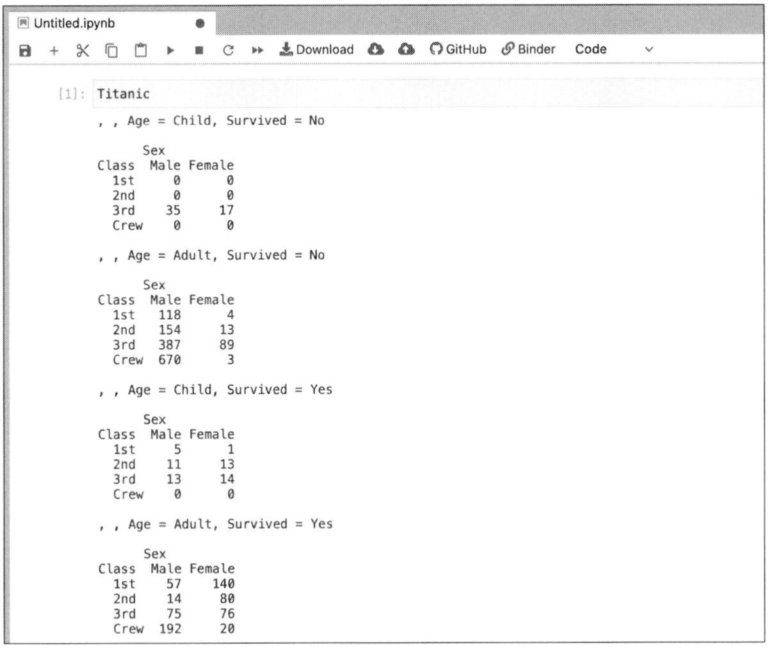

```
Untitled.ipynb                                                    ●

 ⊟  +  ✂  ⎘  ⎘  ▶  ■  ↻  ⏭   ⬇ Download  ☁  ☁  ⬡ GitHub  🔗 Binder   Code        ⌄

   [1]: Titanic

        , , Age = Child, Survived = No

                  Sex
        Class  Male Female
          1st     0      0
          2nd     0      0
          3rd    35     17
          Crew    0      0

        , , Age = Adult, Survived = No

                  Sex
        Class  Male Female
          1st   118      4
          2nd   154     13
          3rd   387     89
          Crew  670      3

        , , Age = Child, Survived = Yes

                  Sex
        Class  Male Female
          1st     5      1
          2nd    11     13
          3rd    13     14
          Crew    0      0

        , , Age = Adult, Survived = Yes

                  Sex
        Class  Male Female
          1st    57    140
          2nd    14     80
          3rd    75     76
          Crew  192     20
```

●図 1.27　タイタニックのデータ●

■気象データ

　気象庁は過去の気象データを公開しています[*24]。気温や降水量、日照時間、風速などの
さまざまなデータを、日本全国から選んで CSV 形式でダウンロードできます（**図 1.28**）。

　ここでは、気温のデータを取得してみましょう。図 1.28 のページを開き、まず「地点を
選ぶ」からダウンロードする地点を選択します。ここでは「東京都」の「東京」を選んで
みましょう。

　次に、「項目を選ぶ」からデータの種類として日別値を、気温の項目から「日平均気温」
を選びます。

　そして、「期間を選ぶ」から「連続した期間で表示する」から 2020 年 1 月 1 日から 2020
年 12 月 31 日までの日別値を表示します。

　最後に、「表示オプションを選ぶ」から「利用上注意が必要なデータの扱い」では「値を
表示（格納）しない」を、「観測環境などの変化の前後で、値が不均質となったデータの扱
い」では「観測環境などの変化前の値を表示（格納）しない」を、「ダウンロード CSV ファ
イルのデータ仕様」では「すべて数値で格納」の「日付リテラルで格納」を選びます。「そ
の他」はいずれも選択せずに、右側のメニューから「CSV ファイルをダウンロード」とい

---

*24 https://www.data.jma.go.jp/gmd/risk/obsdl/index.php

うボタンを押すと、気温のデータをダウンロードできます。第3章で使用しますので、例えば「temperature.csv」というファイル名で保存しておきましょう。

ダウンロードしたデータの最初の3行には、ダウンロードした日時や地点などの情報が入っていますので、テキストエディタなどで削除しておきましょう。

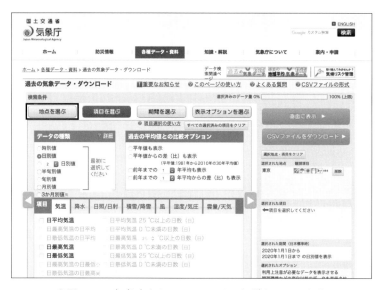

●図 1.28　気象庁から CSV ファイルをダウンロード●

1.3.3　データの匿名化

仕事でデータを分析する場合、オープンデータだけを使っていてはできることが限られてしまいます。そこで、社内にあるデータを活用しようと考える人は多いでしょう。売上や在庫に関するデータであれば、特に問題なく使えるかもしれません。しかし、顧客の情報を使ってデータを分析しようとすると、個人情報についての問題が必ず登場します。

企業が顧客のデータを扱う場合、公開しているプライバシーポリシーに沿って、個人情報を適切に扱うことが求められます。個人情報を収集するときに提示している目的とは異なる内容で使用することは認められていません（**図 1.29**[25]）。

最近では、収集した個人情報に対して統計処理を行うことをプライバシーポリシーで宣言している企業も増えています。個人情報保護法でも、「匿名加工情報」についての記載があり、特定の個人を識別できないように個人情報を加工し、当該個人情報を復元できないようにする方法は認められています。このときに必要なのが**匿名化**です。よく使われる方

---

*25 https://www.ohmsha.co.jp/utility/privacy_policy.htm

法として、k-**匿名化**があります。これは、同じ属性のデータが少なくとも k 個あるように
データを加工する方法です。

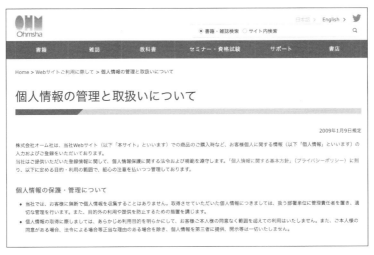

●図 1.29　オーム社の「個人情報の管理と取扱いについて」●

　例えば、年齢のデータは 30 代、40 代、50 代のように 10 歳区切りにする、住所は市区町
村までにする、といった方法です。これにより、東京都新宿区に住む 30 代男性、といえば
たくさんいますので、個人を特定できなくなります（**図 1.30**）。

　このように、個人情報を扱う場合にはプライバシーポリシーなどを確認し、その利用範
囲を超えていないか確認する必要があります。もし統計的な処理を行って分析したい場合
は、特定の個人を識別できないように加工する必要があるのです。

住所	性別	年齢	…
東京都文京区後楽 1 丁目 3-61	男	32	…
東京都文京区春日 1 丁目 16-21	男	39	…
東京都文京区本郷 7 丁目 3-1	男	33	…
東京都墨田区押上 1 丁目 1-2	女	45	…
東京都墨田区横綱 1 丁目 3-28	女	41	…
東京都墨田区吾妻橋 1 丁目 23-20	女	44	…
東京都台東区浅草 2 丁目 28-1	男	28	…
東京都台東区浅草 2 丁目 3-1	男	22	…
東京都台東区東上野 4 丁目 5-6	男	25	…
千葉県浦安市舞浜 1-1	女	30	…
…	…	…	…

住所	性別	年齢	…	
東京都文京区	男	30 代	…	個人を特定できない
東京都文京区	男	30 代	…	
東京都文京区	男	30 代	…	
東京都墨田区	女	40 代	…	
東京都墨田区	女	40 代	…	
東京都墨田区	女	40 代	…	
東京都台東区	男	20 代	…	
東京都台東区	男	20 代	…	
東京都台東区	男	20 代	…	
千葉県浦安市	女	30 代	…	
…	…	…	…	

●図 1.30　匿名化の例●

第
2
章

基本統計量を知る

[2.1]

データの分布を調べる
～度数分布表とヒストグラム

2.1.1　不要なデータを除外する

■前処理の必要性

　データを分析しようと思ったとき、あなたははじめにデータのどこに着目するでしょうか?

　ここでは、第1章で紹介した、国勢調査での都道府県単位の人口データ（CSV形式）を使って、必要なデータを抽出していきます。このファイルには、大正9年～平成27年のデータが含まれていますが、各都道府県の最新の人口だけを知りたいとします。ところが、上記のファイルには過去の人口だけでなく、都道府県以外の合計や、注釈といった不要な行も入っています。

　実際、私たちが扱うデータがきれいに整形され、必要な情報だけになっていることはほとんどありません。人が作ったデータであれば、入力ミスもあれば不要なデータもあります。必要な情報が入力されていない（**欠損値**）場合もあります。このようなデータから、分析に必要なデータだけを抽出して、プログラムで処理できるように整理しなければなりません。

　このような作業を**前処理**といいます。データ分析や統計に慣れてくると、分析にかかる時間の多くがこの前処理に費やされることも少なくありません。今回は平成27年のデータが最新なので、これだけを抽出してみます。

■CSVデータの読み込み

　まずはCSVファイルの全体をデータフレームに読み込んでみます。Pythonでpandas

を使って CSV を読み込むには、次の処理を実行します[1]。

```Python
import pandas as pd

kokusei = pd.read_csv('data/c01.csv', encoding='shift_jis')
kokusei.head()
```

1行目でpandasをインポートし、3行目でCSVファイルを読み込み、その内容をkokusei
という変数に代入しています。4行目では読み込んだデータの先頭部分を表示するように
指定しています（**図2.1**）。

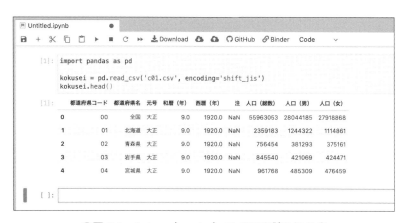

●図 2.1　Python（pandas）で CSV を読み込む●

R では、read.csv という関数で CSV ファイルを読み込めますので、次の処理で同様の
ことを実現できます（**図2.2**）。

```R
kokusei <- read.csv('data/c01.csv', fileEncoding='sjis',
    stringsAsFactors=FALSE)
head(kokusei)
```

ここで、「stringsAsFactors=FALSE」という指定は、文字列を整数のようにコード化する
機能を使用しない、という意味です。今回は都道府県名も文字列で十分ですし、数字部分
はただの数値として扱いたいため、FALSE を指定しています。

---

[1]　JupyterLab を使っている場合は、CSV ファイルを事前にアップロードしておきましょう。本文の処理
では、CSV ファイルを「data」フォルダの中にアップロードし、プログラムはその上位のフォルダ
に格納しています。

読み込まれたデータを見ると、大正の頃のデータがあり、さらに「都道府県名」に「全国」といったデータも入っていることがわかります。

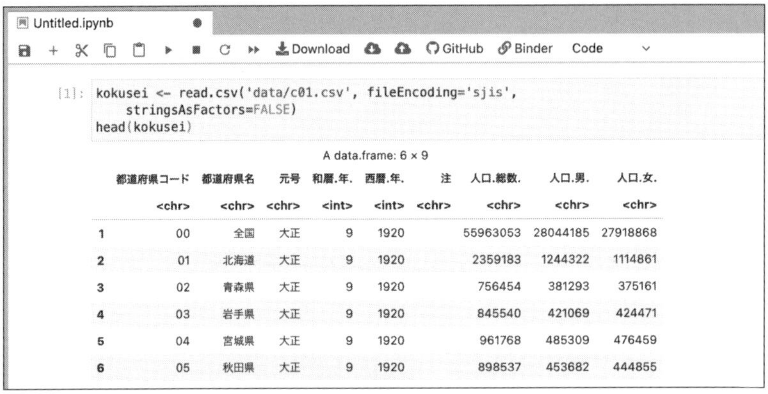
Untitled.ipynb

```
[1]: kokusei <- read.csv('data/c01.csv', fileEncoding='sjis',
         stringsAsFactors=FALSE)
     head(kokusei)
```

A data.frame: 6 × 9

	都道府県コード	都道府県名	元号	和暦.年.	西暦.年.	注	人口.総数.	人口.男.	人口.女.
	<chr>	<chr>	<chr>	<int>	<int>	<chr>	<chr>	<chr>	<chr>
1	00	全国	大正	9	1920		55963053	28044185	27918868
2	01	北海道	大正	9	1920		2359183	1244322	1114861
3	02	青森県	大正	9	1920		756454	381293	375161
4	03	岩手県	大正	9	1920		845540	421069	424471
5	04	宮城県	大正	9	1920		961768	485309	476459
6	05	秋田県	大正	9	1920		898537	453682	444855

●図 2.2　R で CSV を読み込む●

Column　文字コードの指定

現在の Python や R では、文字コードとして UTF-8 を使うことを推奨しています。最近は Web アプリなどでも UTF-8 の文字コードを使うことが当たり前になり、XML や JSON といったデータ形式では UTF-8 がよく使われています。

しかし、CSV ファイルでは Shift_JIS という文字コードが一般的です。Excel では Shift_JIS で扱うことが標準的で、UTF-8 だと文字化けする場合があります。

読み込むときにはファイルの文字コードを確認し、適切な文字コードを指定しましょう。

■必要なデータのみの抽出

次に、読み込んだデータから、必要なデータだけを取り出します。まずは CSV ファイルに含まれる不要なデータを除外しましょう。

このデータの末尾を確認するには、tail という関数を使います（**図 2.3**）。

Python

```
kokusei.tail()
```

R でも同様です。

R

```
tail(kokusei)
```

●図 2.3　データの末尾を確認●

　図 2.3 には都道府県コードの欄に注釈があり、都道府県名から右側はすべて「NaN」という値が入っています。これは「Not a Number」の略で、数字でないことを表すものです。このようなデータを除外するには、pandas の dropna() という関数を使います。これは、NA（Not Applicable：該当なし）を除外（ドロップ）する関数です。

　さらに、平成 27 年（2015 年）のデータだけを取り出すため、「西暦（年）」が 2015 のデータだけを抽出します。また、都道府県のデータだけにするため、都道府県コードが 00（全国）、0A（人口集中地区）、0B（人口集中地区以外の地区）以外のデータだけを抽出します。

　pandas で条件を指定して抽出するには、データフレーム名に続けて、[ ] の間に条件を指定します[*2]。等しいことを調べるには、「==」のように「=」を 2 つ続けて書きます。

　また、リストの中に欲しいデータが含まれているかを調べるには、「isin」という関数を使います。一致しないことを調べるには、先頭に「~」をつけることで逆（否定）を求められます。

```Python
# 都道府県名がセットされていないデータは除外して上書き
kokusei = kokusei.dropna(subset=['都道府県名'])
# 西暦が 2015 年のデータを抽出
h27 = kokusei[kokusei['西暦（年）'] == 2015]
# 都道府県のデータのみを抽出
h27_pref = h27[~h27['都道府県コード'].isin(['00', '0A', '0B'])]
# 件数を確認
len(h27_pref)
```

47

　件数が 47 件となっており、それぞれの都道府県のデータが 1 件ずつ取り出せていること

---

*2　項目名の半角、全角などは実際のデータのヘッダに合わせてください。

がわかります。なお、6行目については、次のように書くこともできます。

Python

```
h27_pref = h27[
    (h27['都道府県コード'] != '00') &\
    (h27['都道府県コード'] != '0A') &\
    (h27['都道府県コード'] != '0B')
]
```

Rでも同様に取り出してみましょう。

R

```
# 注釈を除外して上書き
kokusei <- na.omit(kokusei)
# 西暦が 2015 年のデータを抽出
h27 <- kokusei[kokusei$西暦.年. == 2015,]
# 都道府県のデータのみを抽出
h27_pref <- h27[
    (h27$都道府県コード!='00') &
    (h27$都道府県コード!='0A') &
    (h27$都道府県コード!='0B'),]
# 件数を確認
nrow(h27_pref)
```

```
47
```

データの冒頭部分を確認すると、**図 2.4** のようになりました。欲しいデータが問題なく取り出せているようです。

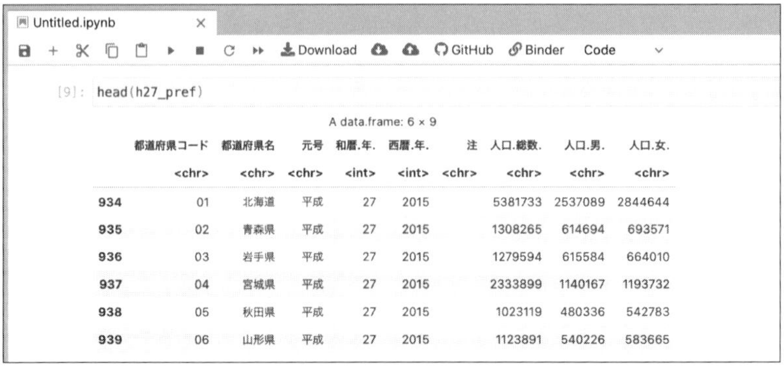

	都道府県コード	都道府県名	元号	和暦.年.	西暦.年.	注	人口.総数.	人口.男.	人口.女.
	<chr>	<chr>	<chr>	<int>	<int>	<chr>	<chr>	<chr>	<chr>
934	01	北海道	平成	27	2015		5381733	2537089	2844644
935	02	青森県	平成	27	2015		1308265	614694	693571
936	03	岩手県	平成	27	2015		1279594	615584	664010
937	04	宮城県	平成	27	2015		2333899	1140167	1193732
938	05	秋田県	平成	27	2015		1023119	480336	542783
939	06	山形県	平成	27	2015		1123891	540226	583665

●図 2.4　国勢調査のデータを確認●

2.1.2　度数分布表を作る

■度数分布表とは

　必要な 47 都道府県だけのデータを取り出せましたが、数字を眺めているだけではどんな傾向があるのかわかりません。このようなデータを集めたとき、その特徴を把握するには、最初に分布を調べましょう。

　分布を調べるとき、基本的な方法として**度数分布表**がよく使われます。度数分布表を作るには、**階級**と呼ばれる区間に区切って、それぞれの階級に入るデータの個数を調べます。この個数を**度数**といい、階級ごとの度数で表を作成します。

　今回の場合、**表 2.1** のような表を作成していきます。

●表 2.1　度数分布表●

階級	度数
0〜1,000,000	9
1,000,000〜2,000,000	21
2,000,000〜3,000,000	7
3,000,000〜4,000,000	1
4,000,000〜5,000,000	0
5,000,000〜6,000,000	3
6,000,000〜7,000,000	1
7,000,000〜8,000,000	2
8,000,000〜9,000,000	1
9,000,000〜10,000,000	1
10,000,000〜11,000,000	0
11,000,000〜12,000,000	0
12,000,000〜13,000,000	0
13,000,000〜14,000,000	1

　この表を作成するには、まず、データをどのような階級で区切るかを考えます。今回は人口のデータを 100 万人単位で区切っています。

　図 2.4 で人口は総数、男、女の 3 種類がありますが、ここでは「人口（総数）」を使います。この値を整数型として、100 万人単位で集計します。

　簡単に計算するため、100 万で割った商を使って集計してみましょう。Python で pandas を使うと次のように実装できます。

```Python
# 人口（総数）を整数型として取り出し
h27_population = pd.Series(h27_pref['人口（総数）'], dtype='int')
# 100万で割った商で件数をカウント
pd.value_counts(h27_population // 1000000, sort=False)
```

```
0      9
1     21
2      7
3      1
5      3
6      1
7      2
8      1
9      1
13     1
Name: 人口（総数）, dtype: int64
```

1行目では「人口（総数）」を取り出して、h27_population という変数に代入しています。次に、100万で割った商について、それぞれの件数をカウントしています。ここで「sort=False」という指定を追加すると、件数で並べ替えずに、階級の順番で表示されます。「sort=True」と指定するか、何も指定しない場合は、件数の降順で並べ替えて表示されます。

R でも同様の処理で実現できます。

```R
# 人口（総数）を整数型として取り出し
h27_population <- as.integer(h27_pref$人口.総数.)
# 100万で割った商で件数をカウント
table(h27_population %/% 1000000)
```

```
 0  1  2  3  5  6  7  8  9 13
 9 21  7  1  3  1  2  1  1  1
```

■ 間隔をどのように区切るのか

ここでは100万人単位で度数分布表を作成しましたが、50万人単位、500万人単位などさまざまな間隔で階級を作成できます。では、どのような間隔でデータ区間を設定すればよいのでしょうか？

例えば、70万人間隔で設定すると**表2.2**のように、200万人間隔で設定すると**表2.3**の

ようになります。

●表 2.2　70 万人間隔の場合●

階級	度数
0〜700,000	2
700,000〜1,400,000	18
1,400,000〜2,100,000	12
2,100,000〜2,800,000	3
2,800,000〜3,500,000	2
3,500,000〜4,200,000	1
4,200,000〜4,900,000	0
〜中略〜	⋮
12,600,000〜13,300,000	0
13,300,000〜14,000,000	1
14,000,000〜14,700,000	0

●表 2.3　200 万人間隔の場合●

階級	度数
0〜2,000,000	30
2,000,000〜4,000,000	8
4,000,000〜6,000,000	3
6,000,000〜8,000,000	3
8,000,000〜10,000,000	2
10,000,000〜12,000,000	0
12,000,000〜14,000,000	1

　このデータ区間（階級幅）の決め方にルールはありませんが、直感的にわかりやすく設定することが求められます。つまり、70 万人ずつ区切るのはキリが悪いので、100 万人や 200 万人が多く使われます。

　階級幅が大きすぎても小さすぎてもいけませんが、階級幅を決めるときによく使われるのが「スタージェスの公式」です。これは、階級の数を $1 + \log_2 n$ という式で求める方法で、n はデータの数を表します[*3]。

　例えば、50 個のデータがある場合、階級の数は $1 + \log_2 50 = 6.64\cdots$ です。今回は都道府県の人口を調べるため 47 個ですので、7 つくらいに区切るのが良さそうだとわかります。

2.1.3　分布を視覚化する

■ ヒストグラムの作成

　度数分布表だけでも分布はわかりますが、よりわかりやすくするにはグラフを作りたいものです。度数分布表をもとにグラフのように表現したものを**ヒストグラム**といいます。

　ヒストグラムは、横軸に階級、縦軸に度数を表現したグラフです。階級は小さい方から順に並べ、連続している必要があります。では、人口の度数分布表をヒストグラムに表現してみましょう。

　Python では、pandas の hist 関数を使ってヒストグラムを作成できます（**図 2.5**）。

---

*3　log について、詳しくは巻末の付録を参照してください。

```Python
h27_population.hist()
```

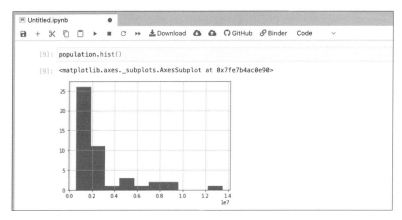

●図 2.5　Python でのヒストグラム●

なお、度数分布表を作成したときのように、階級幅を指定して作成することもできます（**図 2.6**）。

```Python
h27_population.hist(bins=list(range(0, 15000000, 1000000)))
```

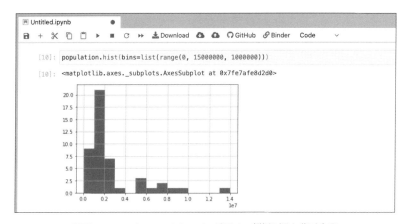

●図 2.6　Python でのヒストグラム（階級幅を指定）●

R でも hist 関数を実行するだけです（**図 2.7**）。

```R
hist(h27_population)
```

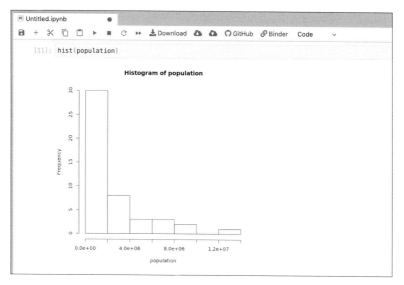

●図 2.7　R でのヒストグラム●

階級幅を指定するには、引数で指定します（**図 2.8**）。

```
hist(h27_population, breaks=seq(0, 15000000, 1000000))
```

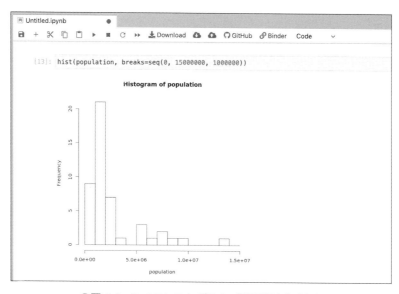

●図 2.8　R でのヒストグラム（階級幅を指定）●

Rでは hist という関数で breaks というオプションを指定しなければ、自動的にスタージェスの公式にしたがって階級幅が決められてしまいます。また、hist 関数では、度数分布表のデータを取得することもできます（**図 2.9**）。

```R
dist = hist(h27_population, breaks=seq(0, 15000000, 1000000))
dist
```

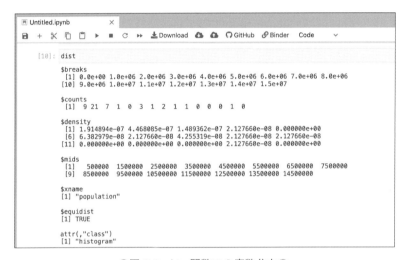

●図 2.9　hist 関数での度数分布●

■ヒストグラムを使うメリット

　ヒストグラムを描くと、分布がどのような形になっているかを一瞬で把握できます。実際に描いてみると、**図 2.10** のような、さまざまな分布の形を見ることで、新たな事実に気づくかもしれません。

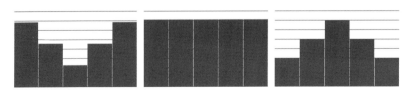

●図 2.10　さまざまな分布●

　さらに、例外的な値に気づきやすくなるメリットもあります。例えば、日本の人口を表す都道府県データの中に、1 億人というデータが入っていたとします。日本全体の人口を

考えると、明らかにおかしなデータです（**図 2.11**）。

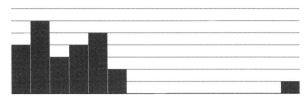

●図 2.11　外れ値の存在●

　このような異常値を**外れ値**といい、存在すると分析に影響が出る可能性があります。データを眺めているだけでは気づかなくても、ヒストグラムを描くことで明らかにおかしなデータを発見し、事前に取り除く、もしくは確認して訂正することにもつながるのです。

　なお、先ほどのヒストグラムや図 2.9 の度数分布では、「**1.0e+06**」や「**1.1e+07**」のような表記がありますが、これはそれぞれ「1.0×10^{6}」や「1.1×10^{7}」、つまり 1,000,000 や 11,000,000 を表しています。

代表値を計算する
～平均と中央値、最頻値

2.2.1　誰でも知っている代表値～平均

■データの特徴を数値で表す

　度数分布表やヒストグラムを作ると分布を把握できますが、人によってその図から受ける印象は異なります。人口のヒストグラムを見たとき、「人数が少ない都道府県が多い」と思う人もいれば、「意外と人口が多い都道府県もある」と感じる人もいるでしょう。

　そこで、誰が見ても共通の認識を持つために、特徴を数値として表現する方法があります。多くのデータが与えられている中から、そのデータを代表する値（**代表値**）で表現するのです。

　データの代表値として、多く使われているのが**平均**（または平均値）です。小学校でも教えられているので、多くの人がすぐにイメージできるでしょう。都道府県のデータであれば、人口の合計を都道府県の数で割ることで、都道府県の平均を求められます。

■合計を求める

　平均を計算する前に、合計を求めてみましょう。Python や R には合計を求める関数が用意されています。

Python

```
h27_population.sum()
```

```
127094745
```

```R
sum(h27_population)
```

```
127094745
```

これを数式でも考えてみましょう。

$x_1, x_2, x_3, \ldots, x_n$ という n 個のデータがあったとき、それぞれの値を x_k と表現します。これは、x というデータにおいて、k 番目のデータの値が x_k であることを示しています。すると、合計は次の式で表現できます。

$$x_1 + x_2 + x_3 + \cdots + x_n$$

合計は $\sum$（シグマ）という記号を使って、次のように表すこともあります。これは、$\sum$ という記号の下に書かれている値（$k = 1$）から、上に書かれている値（n）まで k の値を変えながら、k の値に応じて該当する x_k の数値を代入しながら足し算するという式です。

$$\sum_{k=1}^{n} x_k$$

今後もよく登場しますので、$\sum$ が登場すれば合計のことだと覚えておきましょう。

■平均を求める

各都道府県の人口の合計を都道府県の数で割ると、平均を求められます。

```Python
total = h27_population.sum()
total / 47
```

```
2704143.510638298
```

```R
total <- sum(h27_population)
total / 47
```

```
2704143.5106383
```

しかし、このように「47」という値を式の中で直接指定してしまうと、データの個数が変わったときに式も変えなければなりません。そこで、データの個数もプログラムで数えることにします。

第1章で紹介したように、リストやベクトルに含まれるデータの個数を調べるには、Python
では「len」という関数が、R では「length」という関数が用意されていました。これを使
うと、平均を求める式は次のように書けます。

Python

```
total / len(h27_population)
```

```
2704143.510638298
```

R

```
total / length(h27_population)
```

```
2704143.5106383
```

Python で要素数を求めるには、pandas の DataFrame や Series に用意されている「size」
という属性を使うこともできます。

Python

```
total / h27_population.size
```

```
2704143.510638298
```

なお、Python の pandas や R には平均を求める関数も用意されています。

Python

```
h27_population.mean()
```

```
2704143.510638298
```

R

```
mean(h27_population)
```

```
2704143.5106383
```

英語では、平均を表す単語として「mean」と「average」があります。上記では平均を求め
るときに「mean」という関数を使いましたが、Excel では「AVERAGE」を使います。Python
の NumPy でも「average」を使いますので、間違えないようにしましょう。

```Python
import numpy as np

np.average(h27_population)
```

```
2704143.510638298
```

n 個のデータの平均を求める式を数学的に書くと、次のような式で表現できます。

$$\bar{x} = \frac{x_1 + x_2 + \cdots + x_n}{n}$$

このように、平均を表すときには、$\bar{x}$ のようにデータの名前の上に線を引く表記がよく使われます。上述の $\sum$ を使うと、次のように表現できます。

$$\bar{x} = \frac{1}{n} \sum_{k=1}^{n} x_k$$

2.2.2 よく使われる代表値〜中央値、最頻値

■ データの中央にある値

平均は誰もが知っていて、中心の値を表すためによく使われますが、データによっては直感と異なる値が算出される場合があります。今回のような人口の場合、平均が270万人といわれても、その付近にはほとんどデータがありません（**図2.12**）。これは、東京都の人口だけが非常に多いことも1つの理由です。

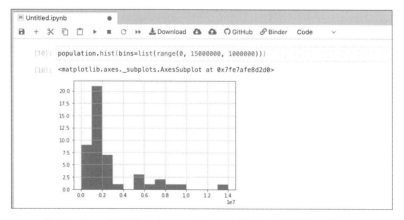

●図2.12　【再掲】Python でのヒストグラム（階級幅を指定）●

このように、平均がデータをうまく表していないことがあります。それは、データ全体の分布に偏りがあったり、外れ値など他と大きく離れた値があったりする場合です。

例えば、**表**2.4 の 3 つのデータを比べてみましょう。

●表 2.4 平均が 10 のデータ●

データ名	データの内容									
データ 1	10	10	10	10	10	10	10	10	10	10
データ 2	0	5	5	10	10	10	10	15	15	20
データ 3	0	0	0	0	0	0	0	0	0	100

いずれも平均を計算すると 10 ですが、**図**2.13 のようにヒストグラムを描くと、その分布は大きく異なります。上の 2 つは平均である 10 を真ん中の値だといってもいいかもしれませんが、データ 3 の分布で 10 が真ん中の値であるというのは抵抗があるでしょう。

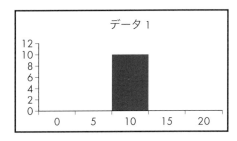
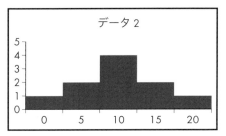
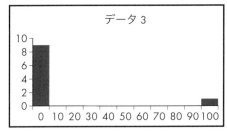

●図 2.13 平均が 10 のデータのヒストグラム●

そこで、ある値よりも下のデータ数と上のデータ数が同じになる値を考えてみましょう。この値を**中央値**（メジアン）といいます。名前の通り「データの中央にある値」で、すべてのデータを値が小さい方から大きい方へと順に並べて、ちょうど全体の半分になる値が中央値です。

データが奇数個の場合、小さい順にデータを並べたときにちょうど真ん中にくる値です。

例えば、**表 2.5** のように 7 つの年齢データがある場合は、4 番目のデータ（＝31 歳）が中央値です。

●表 2.5　データが 7 つの場合●

回答者	A	B	C	D	E	F	G
年齢	31	28	37	46	18	22	34

⬇ 小さい順に並べ替え

回答者	E	F	B	A	G	C	D
年齢	18	22	28	31	34	37	46

データが偶数個の場合には、ちょうど真ん中となるデータは存在しないため、中央に近い 2 つのデータの平均を中央値と定めます。**表 2.6** のように 8 つのデータがある場合、4 番目のデータと 5 番目のデータを足して 2 で割った値（＝$\frac{31+34}{2} = 32.5$ 歳）を使います。

●表 2.6　データが 8 個の場合●

回答者	A	B	C	D	E	F	G	H
年齢	31	28	37	46	18	22	34	40

⬇ 小さい順に並べ替え

回答者	E	F	B	A	G	C	H	D
年齢	18	22	28	31	34	37	40	46

■ 中央値を求める関数

中央値を Python や R で計算してみましょう。中央値を求めるには、「median」という関数を使います。

```Python
h27_population.median()
```

```
1648177.0
```

```R
median(h27_population)
```

```
1648177
```

求められた値を見ると、先ほど求めた平均より大きく下がって、直感的な真ん中の値に近づいたと感じます。ここで、この人口データから東京都を除外してみましょう。

```Python
# 東京都を除外(人口が 1000 万人を超えていないものだけを抽出)
doufuken = h27_population[h27_population < 10000000]
# 平均を求める
doufuken.mean()
```

```
2469119.0
```

```Python
# 中央値を求める
doufuken.median()
```

```
1540871.5
```

```R
# 東京都を除外(人口が 1000 万人を超えていないものだけを抽出)
doufuken <- h27_population[h27_population < 10000000]
# 平均を求める
mean(doufuken)
```

```
2469119
```

```R
# 中央値を求める
median(doufuken)
```

```
1540871.5
```

この結果を見ると、平均が最初に求めた 270 万人から 247 万人に減り、20 万人以上変わった一方で、中央値は 164 万人から 154 万人と 10 万人ほどしか変わっていないことがわかります。

東京都の人口が 1 億人まで増加した場合を考えても、平均は大きく増えますが、中央値はあまり変わりません（**表 2.7**）。

●表 2.7　平均と中央値の変化●

データ	平均	中央値
都道府県データ	2,704,143	1,648,177
東京都を除外したデータ	2,469,119	1,540,871
東京都を 1 億人にしたデータ	4,544,244	1,648,177

Python

```python
# 1 億人というデータを追加
outliers = doufuken.append(pd.Series(100000000))
# 平均を求める
outliers.mean()
```

```
4544244.127659574
```

Python

```python
# 中央値を求める
outliers.median()
```

```
1648177.0
```

R

```r
# 1 億人というデータを追加
outliers = append(doufuken, c(100000000))
# 平均を求める
mean(outliers)
```

```
4544244.12765957
```

R

```r
# 中央値を求める
median(outliers)
```

```
1648177
```

　このように、中央値は外れ値の影響を受けにくい指標であるといえます。このことを**頑健である**といいます。最近では、平均だけでなく中央値も並べて使うことが多くなってきたのには、これが背景にあります。

■中央値だけを使えばよいのか?

外れ値にも強いという特徴があれば中央値だけを使えばよく、平均は不要なように感じるかもしれません。しかし、中央値はあくまでもデータの中央しか見ていません。つまり、ピンポイントでしかデータを表現していないので、データ全体の比較には向かないのです。

例えば、**表2.8**のような各営業担当者の売上をそれぞれ計算し、中央値だけをチェックしていたとします。売上が少しずつ変化していても、中央値となる売上が変わらなければ売上が変わっていないように見えます。

●表2.8　中央値が変わらない例●

売上	2018年	2019年	2020年
営業担当者 A	800	900	1000
営業担当者 B	600	700	800
営業担当者 C	500	500	500
営業担当者 D	300	400	500
営業担当者 E	200	300	400
平均	480	560	640
中央値	500	500	500

つまり、全体的に売上が増加していても、それに気づかない可能性があります。実態の真ん中を知ることができる一方で、それ以上の使い道がないともいえるかもしれません。

一方、平均はデータ全体を使うので、データの要約だといえます。平均とデータの個数があれば、全体の合計を計算できるので、1人あたりの平均売上高がわかれば全体の売上を人数から計算できます。

ところが中央値では、中央値とデータの個数があっても、全体の合計を計算できません。このため、平均と中央値を調べて分布を把握することには役立ちますが、それ以上にはなかなか使えないのです。

ばらつきを数値化する
〜分散と標準偏差

2.3.1　分布のばらつきとは

■ 中央に多くのデータが集まる分布

　都道府県ごとの人口のように、大きく離れた値が存在する場合には代表値として中央値が有効だとわかりました。しかし、私たちが扱うデータでは、**図2.14**のように左右のバランスが取れた分布が多いものです。

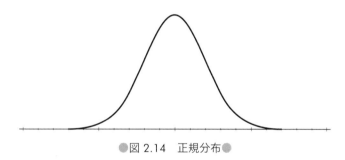

●図2.14　正規分布●

　つまり、中央に多くのデータが集まっており、中央から離れるほどデータが少なくなっています。学校でテストを実施したときの点数や、健康診断で測定した身長などの場合、平均の近くに多くのデータが集まる分布ができあがります。このようなデータの分布を**正規分布**といいます。

　正規分布では、平均も中央値もほぼ同じ値です。同じであれば、平均を使う方が便利に使えそうです。そして、実際に多くの場面で平均が使われています。

　ただし、同じように中央に山があり、平均が同じデータでも、分布が異なる場面があります。例えば、国語と数学のテストを実施し、それぞれの点数の分布を調べたところ、**図2.15**

のようになりました。

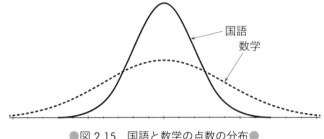

●図 2.15　国語と数学の点数の分布●

　このような分布の違いを調べるときに考えるのが、データの散らばり具合です。左右に
どれくらいの幅で散らばっているのかを把握するには、ヒストグラムと同じようにグラフ
で表現するのも 1 つの方法です。

　しかし、今回の場合、国語と数学では左右へのばらつき具合が異なるため、それぞれか
ら受ける印象は人によって違うでしょう。そこで、データの散らばり具合を数値で表して
みます。

■分布のばらつきを数値化する

　誰もが共通の認識を持つためには、ここでも数値化が求められます。どの程度ばらつい
ているのか、「ばらつきの数値化」が必要なのです。

　ばらつき具合を表現するには、それぞれのデータが平均から大きく離れていれば大きな
値になり、平均の近くに収まっていれば小さな値になるという指標が必要です。そこでよ
く使われるのは、平均との差を 2 乗する方法です（**表 2.9**）。

●表 2.9　平均との差を 2 乗●

生徒	A	B	C	D	E	F	G	H	平均
点数	58	67	61	80	55	72	69	74	67
平均との差	−9	0	−6	13	−12	5	2	7	
平均との差の 2 乗	81	0	36	169	144	25	4	49	

　平均との差を計算すると、平均より大きいデータと小さいデータでプラスとマイナスが
出てしまいますが、2 乗することで、平均からの大小にかかわらず、平均から離れている
ほど大きな値に変換できます。

　このように、平均との差を 2 乗した値を求めたとき、その値の平均を**分散**といいます。つ
まり、表 2.9 の場合、

$$\frac{81 + 0 + 36 + 169 + 144 + 25 + 4 + 49}{8} = 63.5$$

と計算できます。$x_1,\ x_2,\ \ldots,\ x_n$ という n 個のデータがあった場合、分散 V は次のように表現できます[*4]。

$$V = \frac{1}{n} \sum_{k=1}^{n} (x_k - \bar{x})^2$$

なお、平均を求めたときに使った $\bar{x} = \dfrac{1}{n} \displaystyle\sum_{k=1}^{n} x_k$ という式を使うと、この式は次のように変形できます。

$$
\begin{aligned}
V &= \frac{1}{n} \sum_{k=1}^{n} (x_k^2 - 2x_k\bar{x} + \bar{x}^2) \\
&= \frac{1}{n} \left(\sum_{k=1}^{n} x_k^2 - 2\bar{x} \sum_{k=1}^{n} x_k + \bar{x}^2 \sum_{k=1}^{n} 1 \right) \\
&= \frac{1}{n} \left(\sum_{k=1}^{n} x_k^2 - 2\bar{x} \times n\bar{x} + n\bar{x}^2 \right) \\
&= \frac{1}{n} \left(\sum_{k=1}^{n} x_k^2 - n\bar{x}^2 \right)
\end{aligned}
$$

このどちらの式を使っても構いません。

Python と R で、表 2.9 のデータの分散を計算してみましょう。まず平均を求め、それぞれのデータから平均を引いた数を 2 乗して合計し、データの個数で割り算します。

```Python
import numpy as np

data = [58, 67, 61, 80, 55, 72, 69, 74]
m = np.average(data)
np.sum([(i - m) ** 2 for i in data]) / len(data)
```

```
63.5
```

```R
data <- c(58, 67, 61, 80, 55, 72, 69, 74)
m <- mean(data)
sum((data - m) ** 2) / length(data)
```

[*4]　分散は英語で variance なので、分散の記号に頭文字の V をよく使います。

```
63.5
```

　なお、Python の NumPy には var という関数も用意されており、これを実行しても分散を求められます。

Python
```
import numpy as np

data = [58, 67, 61, 80, 55, 72, 69, 74]
np.var(data)
```

```
63.5
```

　R にも var 関数が用意されていますが、実行すると少し異なった値が出力されます。

R
```
data <- c(58, 67, 61, 80, 55, 72, 69, 74)
var(data)
```

```
72.5714285714286
```

　これは、不偏分散という値が求められているためです。不偏分散については、第 4 章で詳しく解説します。

　では、都道府県別の人口データにおける分散も Python で求めてみましょう。

Python
```
import numpy as np

np.var(h27_population)
```

```
7287343266248.589
```

■ 分散は他と比較するために使う

　分散を計算できましたが、1 つだけでは意味がないのです。ばらつきを比較するために使うものなので、他と比べなければいけません。

　そこで、過去の人口データを使ってみましょう。ここでは、上記の人口データから大正 9 年（1920 年）のデータを取り出してみます。最新のデータと比べることで、約 100 年の

間に都道府県でのばらつきがどれくらい変わったかを調べられます。

まず、大正9年の人口データで、都道府県ごとの平均を求めてみましょう。

Python

```python
# 大正9年のデータを抽出
t9 = kokusei[kokusei['西暦(年)'] == 1920]
t9_pref = t9[~t9['都道府県コード'].isin(['00', '0A', '0B'])]
t9_population = pd.Series(t9_pref['人口(総数)'], dtype='int')
t9_population.mean()
```

```
1190703.255319149
```

R

```r
t9 <- kokusei[kokusei$西暦.年. == 1920,]
t9_pref <- t9[
    (t9$都道府県コード!='00') &
    (t9$都道府県コード!='0A') &
    (t9$都道府県コード!='0B'),]
t9_population <- as.integer(t9_pref$人口.総数.)
mean(t9_population)
```

```
1190703.25531915
```

さらに、分散を求めてみます。

Python

```python
import numpy as np

np.var(t9_population)
```

```
399979617436.2752
```

R

```r
t9_mean <- mean(t9_population)
sum((t9_population - t9_mean) ** 2) / length(t9_population)
```

```
399979617436.275
```

分散を見比べてみると、大正9年よりも平成27年の分散の値が大きくなっています。つ

まり、平成27年の方がばらつきが大きく、都道府県間の人口差が広がっていることを意味します。

大正9年の分布を調べるため、平成27年と同じ幅でヒストグラムを作成すると、**図2.16**のようになりました。これを見ても、当時はあまり都道府県間の差がなかったことがわかります。

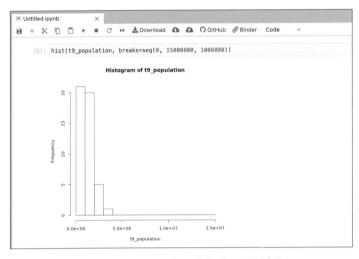

●図2.16　大正9年の分布（Rの場合）●

■ばらつきの単位をデータと揃える

分散の値はもとのデータを2乗していますので、単位が2乗の値に変わっています。そこで、2乗をもとに戻すため、平方根を計算します。平方根はルートとも呼ばれ、2乗するとその数になるものです。例えば、$3^2 = 9$ なので、平方根は $\sqrt{9} = 3$ です[*5]。

このような分散の平方根を計算した値を**標準偏差**といいます。つまり、分散が V のとき、標準偏差 σ は次の式で計算できます。

$$\sigma = \sqrt{V}$$

標準偏差を求めるには、分散の平方根を計算する方法と、標準偏差を求める関数を使う方法があります。

分散の平方根を計算するには、var 関数で求めた分散の値に対して sqrt 関数でその値の平方根を求めます。

[*5]　他にも $(-3)^2 = 9$ なので -3 も該当しますが、正（プラス）の値のみを考えます。

```Python
import numpy as np

np.sqrt(np.var(h27_population))
```

```
2699507.9674356566
```

標準偏差を求める std 関数を使うと簡単に書けます。

```Python
np.std(h27_population)
```

```
2699507.9674356566
```

R でも標準偏差を求める関数（sd）がありますが、分散を求める関数と同様に、不偏分散の平方根を計算しているため、ここでは分散の平方根を求めておきます。

```R
h27_mean = mean(h27_population)
sqrt(sum((h27_population - h27_mean) ** 2) / length(h27_population))
```

```
2699507.96743566
```

■ 標準偏差が表すもの

正規分布の場合、標準偏差を調べると分布の中で占める割合がわかることが知られています。例えば、平均から標準偏差1つ分の範囲内には、データの約68%が入ります（**図2.17**）。同様に、標準偏差2つ分には95%、標準偏差3つ分には99.7%が入ります。

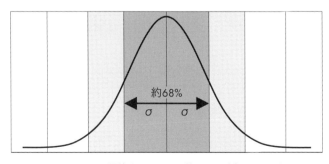

●図 2.17　平均から $\pm\sigma$ に約 68%が含まれる●

■単位が変わると分散や標準偏差は変わる

分散や標準偏差によってばらつきの大きさを比較できますが、データの単位には注意が必要です。同じ値を比較する場合でも、単位が異なるだけで分散や標準偏差は大きく変わってしまいます。

例えば、身長のデータを扱う場合、単位が cm のデータと単位が m のデータは同じ値を表しています。このそれぞれについて、分散と標準偏差を計算してみましょう（**表 2.10**）。

●表 2.10　単位の違いによる分散や標準偏差の違い●

生徒	A	B	C	D	E	平均	分散	標準偏差
身長〔cm〕	172	165	186	179	168	174	58	7.615773
身長〔m〕	1.72	1.65	1.86	1.79	1.68	1.74	0.0058	0.076158

このように、分散や標準偏差の値が大きく変わってしまいました。複数のデータのばらつきを比較するときに分散や標準偏差を使いますが、単位が揃っているか事前に確認しておきましょう。

2.3.2　分布を揃える〜標準化と偏差値

データを比較するとき、そもそも単位が異なる場合があります。しかし、異なる単位のデータや、平均・分散が異なるデータでも、その散らばりを比較したいことがあります。このような場合に使える方法を紹介します。

■変動係数を使う

単位が違うと、分散は大きく異なることを前述しました。また、国語や数学の点数のように、平均や分散の値が異なる場合もあるでしょう。しかし、単位によってはその分布が似たような形である場合が考えられます。例えば、100 点満点のテストと 10 点満点のテストがあった場合、分散は大きく異なります。このような場合、同じ土俵で比較したいものです。

単位が異なる場合でも、簡単に比較したい場合には**変動係数**が使えます。変動係数は、標準偏差を平均で割った値のことです。

表 2.10 で扱った身長のデータで考えてみましょう。単位が cm の場合、平均が 174 で標準偏差が 7.615773 でした。このとき、変動係数は次のように計算できます。

$$\frac{7.615773}{174} = 0.04376881$$

一方、単位が m の場合、平均が 1.74 で標準偏差が 0.076158 でした。このとき、変動係数は次のように計算でき、同じ値が得られることがわかります（小数で扱っているため誤差はありますが、ほぼ同じになっています）。

$$\frac{0.076158}{1.74} = 0.04376897$$

このように、ばらつきの違いを調べるだけであれば、変動係数を計算するのも 1 つの方法です。

■平均 0、分散 1 に変換する

変動係数は全体でのばらつきの違いを比べるだけなのに対して、個別のデータを変換して揃える方法もあります。それが、与えられたデータを「平均 0、分散 1」（当然、標準偏差も 1）のデータに変換する方法です。これを**標準化**といい、平均が $\bar{x}$、標準偏差が σ のとき、次のような計算式で求められます。

$$z_k = \frac{x_k - \bar{x}}{\sigma}$$

点数の場合は個人の点数と平均点との差を標準偏差で割った値、身長の場合は個人の身長と平均身長との差を標準偏差で割った値です。例えば、先ほどの表 2.10 のデータを標準化してみましょう。

表 2.10 のように cm 単位の身長データと、m 単位の身長データを用意します。

ここで、次の処理を実行します。

```Python
import numpy as np

data_cm = [172, 165, 186, 179, 168]
data_m = [1.72, 1.65, 1.86, 1.79, 1.68]

# 標準化する
std_cm = [(i - np.mean(data_cm)) / np.std(data_cm) for i in data_cm]
std_m = [(i - np.mean(data_m)) / np.std(data_m) for i in data_m]

# 求めた値を出力
print(std_cm)
print(std_m)
```

データの種類を知る
～名義尺度、順序尺度、間隔尺度、比例尺度

2.4.1　数値化の壁

■データの種類

　ヒストグラムや正規分布を描くだけでなく、平均や中央値、分散や標準偏差などを使ってデータを数値化すると、短時間で事実を正確に伝えられることがわかりました。しかし、私たちが使うデータを考えたとき、どうやって数字に変換するのか悩んでしまう場合があります。

　例えば、アンケートを実施して、その結果を集計する場面を考えてみましょう。年齢や生年月日などであれば簡単に数値化できても、「おいしい」や「美しい」といった個人の感覚については、数値化するのが難しいものです（**図 2.18**）。

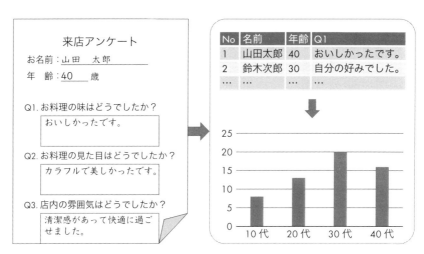

●図 2.18　アンケート結果の数値化●

ところが、コンピュータで分析するには感覚ではなく数値化したデータが必要です。このため、何らかの方法で数値に変換する必要があるのです。そこで、どのようにして数値化するのかをデータの種類に分けて紹介します。

名義尺度

　アンケートなどでよく使われる項目として、性別や血液型などがあります。これらは、それほどデータのパターンが多くありません。性別であれば男女の2種類ですし、血液型は4種類です。そこで、それぞれの選択肢に数字を当てはめる方法がよく使われます。

　例えば、「0：男性」「1：女性」、「1：A型」「2：B型」「3：O型」「4：AB型」などと表現します。これらは順番に意味がありませんので、逆でも構いません。このような尺度を**名義尺度**と呼びます。

　名義尺度は数値で表現していますが、平均や分散などを計算することは意味がありません。血液型を「1：A型」「2：B型」「3：O型」「4：AB型」のように表現した場合、この平均が2.2になったとします。これにどのような意味があるでしょうか？　当然、割り当てる数字を変えるだけで結果が変わります。

順序尺度

　同じように数字に変換する場合であっても、順番が求められる場合があります。例えば、食材の味や、店員の対応を回答してもらう場合、「とても良い」「良い」「普通」「悪い」「とても悪い」のように並べて選んでもらうことがあるでしょう。

　多くの場合、「5：とても良い」「4：良い」「3：普通」「2：悪い」「1：とても悪い」のように数字をつけて表します。一見すると、上記の名義尺度と同じように見えますが、この場合は数字の大小が重要です。平均を求めて3.5という結果が得られれば、普通よりは良さそうだとわかります。Amazonのレビューなどでも使われており、商品の評価を判断する指標として使っている人も多いでしょう。

　ではこれを「5：普通」「4：良い」「3：悪い」「2：とても悪い」「1：とても良い」といった順番にしてしまうとどうでしょう？　もし「平均を求めたい」と思っても、非常に使いづらいデータになってしまいます。このように順番が重要な尺度を**順序尺度**と呼びます。

　順序尺度では項目間の順番に意味がありますので、グラフを描く場合もその順番に並べて表現しなければ非常にわかりにくいグラフになってしまいます。つまり、「とても良い」「良い」「普通」「悪い」「とても悪い」という分類で集計した場合、度数の大小にかかわらず、項目順に並べるべきです（**図2.19**）。

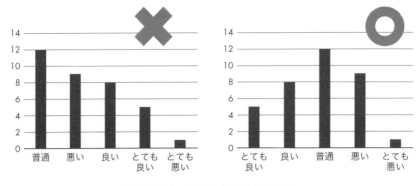

●図 2.19　順序尺度でのグラフ●

間隔尺度と比例尺度

　順序尺度は順番には意味がありますが、間隔はバラバラです。「1：とても悪い」と「2：悪い」の間隔は 1、「3：普通」と「4：良い」の間隔も同じ 1 ですが、その差は同じでしょうか？　気温であれば「21 ℃」と「22 ℃」、「5 ℃」と「6 ℃」の間隔は同じ 1 ℃です。このように、間隔に意味を持つものを**間隔尺度**と呼びます。

　間隔尺度では間隔がわかりますが、気温の「1 ℃」と「2 ℃」、「10 ℃」と「20 ℃」を考えたとき、同じ 2 倍でしょうか？

　1 ℃と 2 ℃を比べると 2 倍になっていますが、日本の冬をイメージすると、大して変わらないと感じます。ところが、10 ℃と 20 ℃を比べると大きく感覚が違うでしょう。一方で、長さを考えると 1 cm と 2 cm は 2 倍ですし、10 cm と 20 cm も同じ 2 倍です。このような尺度を**比例尺度**（比率尺度）と呼びます。

■ 特徴の整理

　これまで紹介した 4 つの尺度の特徴は、**表 2.11** のように整理できます。

●表 2.11　尺度●

分類	内容	例
名義尺度	分類するために割り当てた数字	血液型、性別、電話番号など
順序尺度	順序には意味はあるが、間隔には意味がない数字	評価（優、良、可）、順位、震度など
間隔尺度	目盛が等間隔な数字	カレンダーの日付、気温（摂氏）など
比例尺度	間隔にも比率にも意味がある数字	身長、体重、年齢、金額など

このとき、下の尺度は上の尺度を兼ねます。つまり、身長などの長さは名義尺度である
ともいえますし、順序尺度であるともいえます。もちろん間隔尺度である、ともいえます。

■質的変数と量的変数

上記のように4つの尺度で考える方法もありますが、**質的変数**と**量的変数**という2つに分
ける考え方もあります。質的変数は**カテゴリカルデータ**とも呼ばれ、名義尺度と順序尺度の
ことです。一方、間隔尺度と比例尺度のことを量的変数といいます。

このように、さまざまな尺度を使うと数値化できますが、数値化したからといって計算
できるわけではありません。ここでは身長を比例尺度としましたが、実際には違う尺度を
使うこともあります。

身長を測ってその値を使う場合は、170 cm であれば 170、180 cm であれば 180 という数
値を使うと比例尺度です。これを、150 cm 未満は「1」、150 cm 以上 170 cm 未満は「2」、
170 cm 以上を「3」と区切って表現すると順序尺度です。また、体型を表すときに使われ
る「X 型」や「V 型」「A 型」「I 型」などは名義尺度です。

2.4.2　データ尺度に応じた使い分けの注意点

■使うときの視点で求められる精度を考える

数字を使うと「おいしい」や「美しい」といった言葉よりも正確に伝えられますが、求
められている数字がざっくりした値で十分な場合も珍しくありません。つまり、細かな値
を求めるのではなく、正確さよりも伝えるスピードを重視した方がよい場合もあります。

例えば、携帯電話の電波表示であれば、強・中・弱・圏外の4段階で十分でしょう。電
波の強さを小数点のレベルまで数値化できたとしても、その値を必要とする人はほとんど
いません[*6]。

難しいのは、数値化するときの精度に基準がないことです。厳密な数字が必要な業務も
あれば、ざっくりとした数字で十分な業務もあります。使うときの視点に立って、どのよ
うな分析に使うのか、どのように表現して使うのか、といったことを意識して収集、分析
するようにしましょう。

■表現する精度

ここまでの Python と R で実行した結果を見ると、小数点以下の桁数が異なることに気
づいた人がいるかもしれません。これを理解するには、実行環境での設定を把握し、浮動

[*6]　もちろん、アンテナを設置する事業者の工事担任者であれば、細かな数値が必要です。

小数点数についての知識が必要です。

まず、実行環境の設定についてですが、設定されている桁数を変えることで、表示する桁数を変えられます。筆者の環境では、R で何も指定せずに実行すると、次のように表示されました。

```R
sqrt(2)
```

```
1.4142135623731
```

ここで、桁数を指定して、欲しい桁数だけ表示するように変更してみます。

例えば、次のように指定すると、小数点以下の桁数を変えられます。このとき指定する値は小数点以下ではなく、全体での桁数ですので注意しましょう。

```R
print(sqrt(2), digits=5)
```

```
1.4142
```

```R
print(sqrt(2), digits=20)
```

```
1.4142135623730951455
```

次に、**浮動小数点数**について考えてみましょう。コンピュータでは 2 進数で処理するため、整数や小数も 2 進数で扱われています。

例えば、10 進数の「100」を 2 進数で表現してみましょう。Python では、bin という関数を使って変換できます。

```Python
bin(100)
```

```
'0b1100100'
```

つまり、10 進数の 100 は、2 進数では「1100100」だとわかります。同様に、10 進数の「0.1」は、2 進数では「0.0001100110011…」となり、「0011」の部分が循環します。

コンピュータでは無限の桁数を扱うことはできないため、指定した桁数で表現する必要

があります。そこで、多くのプログラミング言語で使われているのが **IEEE 754** という標準規格で、**単精度浮動小数点数**（32 bit）と**倍精度浮動小数点数**（64 bit）があります。

「浮動」小数点数という通り、小数点の位置が動きます。つまり、123.45 という数であれば 1.2345×10^2、1234.5 であれば 1.2345×10^3 と表現する方法です [*7]。

これを 2 進数で行うことで、1101.01 であれば 1.10101×2^3 のように表現しよう、ということです。2 進数では、整数部分が 1 になるように小数点の位置を動かせば、1 桁分の情報を不要にできます。

そして、**図 2.20** のように符号部と指数部、仮数部に分けて固定長で表現します。ここで、1.10101×2^3 であれば、指数部は右肩の数が 3 なので 2 進数で 11、仮数部は 10101 です。

単精度浮動小数点数（32 bit）

符号 (1)	指数部 (8)	仮数部 (23)

倍精度浮動小数点数（64 bit）

符号 (1)	指数部 (11)	仮数部 (52)

●図 2.20　浮動小数点数の表現●

では、0.012345 という 10 進数の数を浮動小数点数で表現する場合を考えてみましょう。まず、これを 2 進数に変換します（**表 2.12**）。

●表 2.12　10 進数と 2 進数の対応●

10 進数	0.012345
2 進数	0.00000011001010010000101010

次に、2 進数で最初に 1 が現れる位置を探します。この場合、小数点の位置を右に 7 個移動すると、1.10010100100001010 となります。

単精度浮動小数点数の場合、指数部は 8 ビットなので、−128 から 127 までの 256 通りの数を表現できます。指数部には、127 から右に移動した桁数を引いた数を格納することになっています。今回は 7 桁移動したので、120 という値を 2 進数に変換した 01111000 が指数部です。

さらに、小数点から右の部分を仮数部に格納します。また、今回は正の数なので、符号ビットは 0 です。

つまり、単精度浮動小数点数では、次のように表現します。

---

*7　このような指数の書き方について、詳しくは付録を参照してください。

```
0 01111000 10010100100001010101110
```

　このように、仮数部に格納できるサイズは限られているため、どこかの桁で丸め処理 [8]
が行われ、誤差が発生します。

---

[8]　切り上げや切り捨て、四捨五入などによって近い値に置き換えること。

データの把握から分析へ

2.5.1　記述統計と推測統計の違い

■記述統計学

　平均や分散を求めることは基本的な計算としてよく使われます。また、ヒストグラムやグラフを描くこともデータを把握する上で重要です。

　このように、観測したデータを整理したり要約したりして、その特徴を統計的に記述する方法が**記述統計学**です。この章で紹介してきた内容はすべて記述統計学です。現状を把握するために、データの関係性を調べる必要もあるため、第3章でも詳しく紹介します。

　新しく与えられたデータを見るときは、ヒストグラムやグラフを描くなど、データの把握から始めます。この章で解説したように、データの分布を見て、平均や分散を計算し、外れ値や欠損値を調べます。このような方法は**基礎集計**とも呼ばれ、データの各項目についての特徴や、データ間の関係性を把握し、仮説を立てるのです。

　しかし、記述統計学には限界があります。それは、観測していないデータ、あるいは観測が不可能なデータに対しては何もできない、ということです。

　サイコロを振るような例であれば、何度も試しにやってみればその結果をすべて測定できますが、世の中にはすべてを測定できない場合があるのです。日本人全体の平均身長を知りたい、と思っても、そのデータを調べるのは大変です。また、100年後の日本人の平均寿命を知りたい、と思っても100年後にならないとわかりません。

■推測統計学

　そこで、与えられたデータから推測する方法が必要です。例えば、日本人の平均身長を知りたい場合、1000人くらいを集めてきてその平均身長から全体を推測する方法が考えられ

ます。また、平均寿命を知りたいなら、過去の平均寿命の変化を見る方法が考えられます。

さらに、乾電池や蛍光灯などがどれくらいの時間使えるか測定する、などの例が考えられます。すべての乾電池や蛍光灯のような消耗品を残量がなくなるまで試してしまうと使えるものがなくなってしまいます。また、選挙の出口調査やアンケート調査を実施する場合などもすべての人を対象に調査すれば確実ですが、時間も費用もかかってしまいます。

このため、全体から一部だけを取り出し、その一部で測定したものから全体を推測する方法が用いられます。これを**推測統計学**といいます（**図 2.21**）。

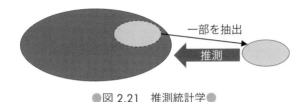

●図 2.21　推測統計学●

推測統計学については、第 4 章以降で解説します。

2.5.2　グラフを描く

■棒グラフ

データを正しく把握するためには、グラフを使うことも有効です。この章ではヒストグラムを紹介しましたが、似たようなグラフに**棒グラフ**があります。棒の長さで数値を表現する方法で、年収別の人口や、試験の区分別の受検者数などを表すために使われます。ヒストグラムでは、横軸として点数や年収のような数値の量的データが使われましたが、棒グラフでは主に質的データが使われます。長いほど大きな値を表すため、棒グラフは「量」の比較に向いているグラフだといえます。

Python でグラフを描くには、Matplotlib を使うと便利です。さまざまなグラフが用意されており、棒グラフは matplotlib.pyplot.bar という関数を使います。先頭で import matplotlib.pyplot as plt としてインポートしておけば、plt.bar と書けます。

この関数に、1 つ目の引数として横軸の数値を、2 つ目の引数として縦軸の数値を、それぞれリストとして渡します。なお、ここではリストを使っていますが、NumPy の配列でも問題なく処理できます（**図 2.22**）。

Python

```python
import matplotlib.pyplot as plt

plt.bar(
    ['A', 'B', 'C'],
    [100, 200, 300]
)
```

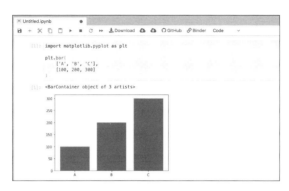

●図 2.22　Python での棒グラフの作成●

Rでは、barplot を使います（**図 2.23**）。

R

```r
barplot(
    c(100, 200, 300),
    names.arg=c('A', 'B', 'C'),
)
```

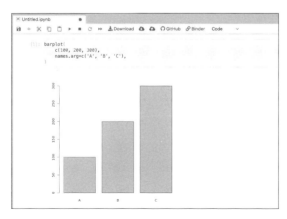

●図 2.23　R での棒グラフの作成●

■ 折れ線グラフ

棒グラフと同様によく使われるグラフに**折れ線グラフ**があります。棒グラフは「量」を表しましたが、折れ線グラフではその量の「変化」を表現したい場合に使います。特に時系列による変化を表現するには、折れ線グラフは最適です。

時間の経過とともに観測されるデータのことを**時系列データ**といいます。時系列データを手に入れたら、まず折れ線グラフを描いてみます。このとき、左から右に時間が進むように描きます。

例えば、毎月の売上高の推移や気温の変化など、過去と比較したい場合によく使われます。Python では、`matplotlib.pyplot.plot` という関数を使います。（**図 2.24**）。

```Python
import matplotlib.pyplot as plt

plt.plot(
    [1, 2, 3, 4, 5, 6],
    [800, 600, 700, 1100, 900, 1000]
)
```

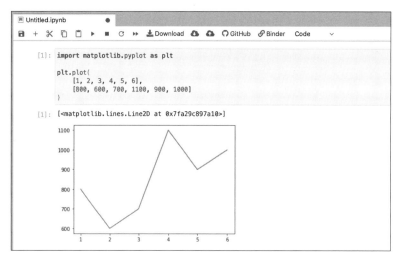

●図 2.24　Python での折れ線グラフの例●

R でも plot という関数を使います。ここで、`type='l'` と指定すると折れ線グラフに、指定しない場合はデフォルトの `type='p'` が使われ、第 3 章で紹介する散布図が描かれます（**図 2.25**）。

```R
R
plot(
    c(1, 2, 3, 4, 5, 6),
    c(800, 600, 700, 1100, 900, 1000),
    type='l'
)
```

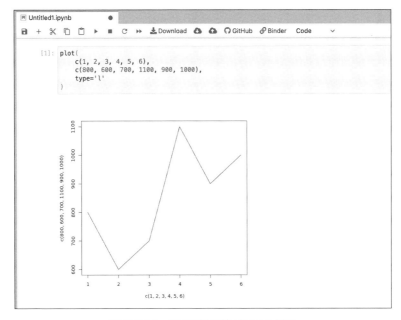

●図 2.25　R での折れ線グラフの例●

　折れ線グラフは「変化」に注目しているため、縦軸を 0 から始めなくても問題ありません。ただし、変化を強調しすぎて、誤った印象を与えないように注意が必要です。

　なお、複数並べるときは、Python の Matplotlib では複数回実行するだけです。わかりやすいように、色を変えておくと良いでしょう（**図 2.26**）。

```Python
import matplotlib.pyplot as plt

plt.plot(
    [1, 2, 3, 4, 5, 6],
    [800, 600, 700, 1100, 900, 1000],
    color='red'
)
```

```
plt.plot(
    [1, 2, 3, 4, 5, 6],
    [700, 800, 600, 900, 1000, 800],
    color='blue'
)
```

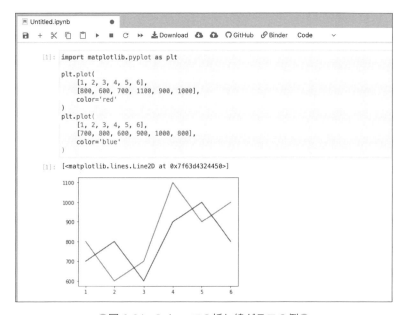

●図 2.26　Python での折れ線グラフの例●

　R でも同様ですが、同じグラフに重ねて描くには、par(new=TRUE) という指定を実行します。また、グラフの範囲が異なると、軸の目盛りがずれてしまうため、範囲を指定します（**図 2.27**）。

R
```
plot(
    c(1, 2, 3, 4, 5, 6),
    c(800, 600, 700, 1100, 900, 1000),
    type='l',
    ylim=c(600,1100),
    col='red'
)
par(new=TRUE)
plot(
    c(1, 2, 3, 4, 5, 6),
```

```
    c(700, 800, 600, 900, 1000, 800),
    type='l',
    ylim=c(600,1100),
    col='blue'
)
```

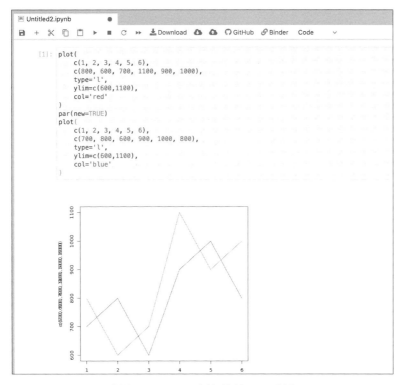

●図 2.27　R での折れ線グラフの例●

■円グラフ

　量や変化だけでなく、全体に占める割合をグラフとして表現したいこともあります。例えば、全体を 100 としたときに、その占める割合を表現するグラフに**円グラフ**があります。

　売上高に占める各商品の割合を表す構成比や、業界内で自社が占めるシェアなど、ビジネスの現場ではよく使われます。おうぎ形の中心角の大きさで表現するため、全体に占める割合が大きいほどその面積が大きくなります。

　Python の Matplotlib では matplotlib.pyplot.pie を使います。引数として、リストを渡すだけで円グラフを描画できますが、開始位置が右端（時計の 3 時の位置）から時計の

反対回りになります（**図 2.28**）。

```Python
import matplotlib.pyplot as plt

plt.pie([40, 30, 20, 10])
```

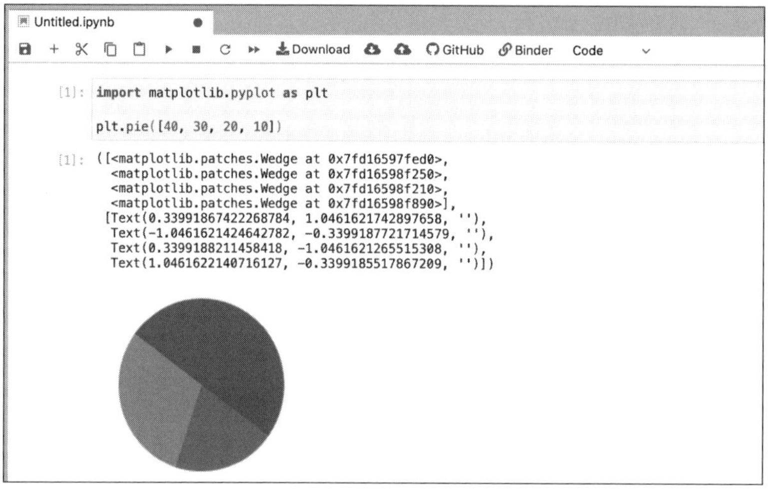

●図 2.28　Python でのデフォルトの円グラフ●

　日本では開始位置を上（時計の 12 時の位置）にすることが一般的ですので、開始角度を 90 度から時計回りに設定しましょう。また、ラベルも設定すると、**図 2.29** のように表示できます。

```Python
import matplotlib.pyplot as plt

plt.pie(
    [40, 30, 20, 10],
    labels=['A', 'O', 'B', 'AB'],
    startangle=90,
    counterclock=False
)
```

　R でも pie 関数を使います。

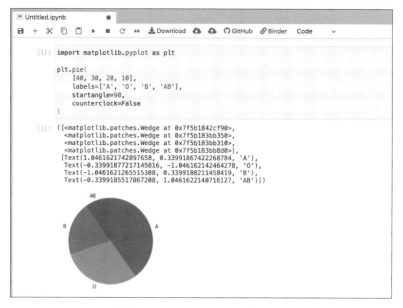

●図 2.29　Python での円グラフ●

```R
pie(
    c(40, 30, 20, 10),
    labels=c('A', 'O', 'B', 'AB'),
    clockwise=TRUE,
)
```

　円グラフでは、すべての項目を足すと 100%です。そのため、Python や R では、合計が
自動的に 100 になるように角度を計算して表現されます（**図 2.30**）。

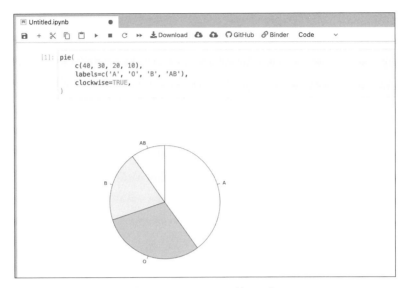

●図 2.30　R での円グラフ●

第
3
章

よく使われる
分析手法を知る

[3.1]
2次元でデータを見る
～散布図

3.1.1　散布図を作成する

■複数の軸で考える

　第2章では、多くのデータがあったときに、そのデータの分布を把握し、平均や中央値などの「代表値」を使う方法を紹介しました。代表値を計算すると、たくさんのデータがあっても1つの値で表現できますが、平均身長や平均年収のように、1つの軸での代表値でしかありません。

　実務の現場を考えると、複数の軸でデータの特徴を考えたい場合は少なくありません。

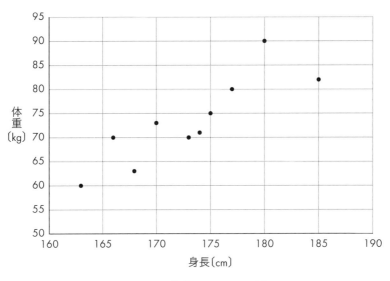

●図3.1　散布図のイメージ●

例えば、身長が高いと体重が重い傾向がある、標高が高いと気温が下がる傾向がある、ページ数が多い本は値段が高い傾向があるなど、その関係性に注目したい場合が考えられます。

このような場合によく使われるのが**散布図**で、縦軸と横軸にそれぞれ量や大きさを表現し、対応する点を描画したものです（**図 3.1**）。散布図を見ると、その分布の傾向を把握できます。

■男女比で散布図を作成する

今回も国勢調査での都道府県別の人口データを使ってみましょう。第 2 章で作成した平成 27 年のデータを使います。

データを作成する部分を再掲します。

Python

```python
import pandas as pd

kokusei = pd.read_csv('data/c01.csv', encoding='shift_jis')
# 都道府県名がセットされていないデータは除外して上書き
kokusei = kokusei.dropna(subset=['都道府県名'])
# 西暦が 2015 年のデータを抽出
h27 = kokusei[kokusei['西暦(年)'] == 2015]
# 都道府県のデータのみを抽出
h27_pref = h27[~h27['都道府県コード'].isin(['00', '0A', '0B'])]
# 件数を確認
len(h27_pref)
```

47

R

```r
kokusei <- read.csv('data/c01.csv', fileEncoding='sjis',
    stringsAsFactors=FALSE)
# 注釈を除外して上書き
kokusei <- na.omit(kokusei)
# 西暦が2015年のデータを抽出
h27 <- kokusei[kokusei$西暦.年. == 2015,]
# 都道府県のデータのみを抽出
h27_pref <- h27[
    (h27$都道府県コード!='00') &
    (h27$都道府県コード!='0A') &
    (h27$都道府県コード!='0B'),]
```

```
# 件数を確認
nrow(h27_pref)
```

```
47
```

　このデータから、都道府県別に男女の人数がどのように分布しているのか見てみましょう。横軸に男性の人数、縦軸に女性の人数を描画してみます。

　Python の Matplotlib では `matplotlib.pyplot.scatter` という関数を使います（**図3.2**）。

Python

```
import matplotlib.pyplot as plt

plt.scatter(
    pd.Series(h27_pref['人口(男)'], dtype='int'),
    pd.Series(h27_pref['人口(女)'], dtype='int')
)
```

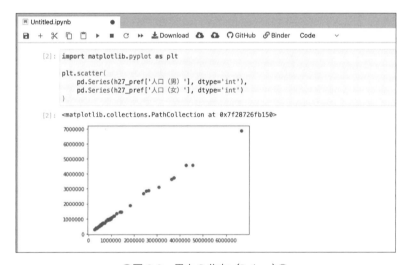

●図 3.2　男女の分布（Python）●

　なお、もう少し細かくラベルやタイトルなどを指定して描くこともできます（**図3.3**）。

Python

```
import matplotlib.pyplot as plt

fig = plt.figure(figsize=(8, 8))
```

```
ax = fig.add_subplot(1, 1, 1)

ax.scatter(
    pd.Series(h27_pref['人口(男)'], dtype='int'),
    pd.Series(h27_pref['人口(女)'], dtype='int')
)
ax.set_title('population')
ax.set_xlabel('man')
ax.set_ylabel('woman')
plt.show()
```

　ここで、add_subplot という関数は、描画領域の指定です。引数として指定した 1，1，1 というのは、1×1 の行列の 1 番目に描く、という指定です。今回は 1 つのグラフしか描かないので、1 だけしか使いませんが、横に 3 つ、縦に 3 つ並べる場合には、3，3，6 のように指定します。この場合、3×3 の行列の 6 番目（左上から右、下の順に数えるので 2 行目の 3 列目）に描くことを表します。

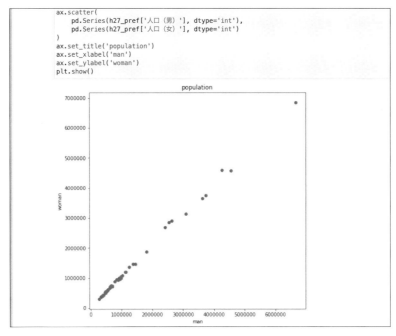

●図 3.3　男女の分布（Python）●

　R では第 2 章で使った plot 関数を使います（**図 3.4**）。

```R
plot(h27_pref[,'人口.男.'], h27_pref[,'人口.女.'])
```

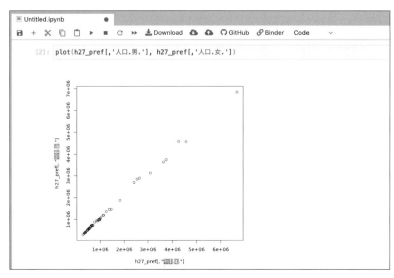

●図 3.4　男女の分布（R）●

これを見ると、どの都道府県でも男女はほぼ同じ人数で分布していることがわかります。

3.1.2　さまざまな散布図を見比べる

■外国籍の割合を調べる

次に少し違うデータとして、都道府県別の「人口」と「外国籍の割合」の関係を調べてみましょう。第1章で使用した国籍別の人数を CSV 形式で出力したデータ（foreigner.csv）を使ってみます。

次のようなプログラムで読み込んでみましょう（**図3.5**）。

```Python
import pandas as pd

foreigner = pd.read_csv('data/foreigner.csv', encoding='shift_jis')
foreigner.head()
```

このデータをもとに、横軸に都道府県別の人口、縦軸に外国人の人数の散布図を表現します（**図3.6**）。ただし、人口データがいずれも文字列としてコンマ区切りで格納されてい

●図 3.5　外国人の人数（Python）●

ますので、事前に数値型に変換しておきます。

Python

```python
import matplotlib.pyplot as plt

# 都道府県の人口を数値に変換
all = pd.Series(foreigner['(別掲)総人口'], dtype='int')\
    .apply(lambda x: x.replace(',','')).astype(int)
# 外国人の人数を数値に変換
f = pd.Series(foreigner['総数(国籍)'], dtype='int')\
    .apply(lambda x: x.replace(',','')).astype(int)

# 散布図を描画
plt.scatter(all, f)
```

　R でも同様の処理を実装できます（**図 3.7**）。

R

```r
foreigner <- read.csv('data/foreigner.csv', fileEncoding='sjis',
    stringsAsFactors=FALSE)

# 都道府県の人口を数値に変換
all <- as.numeric(gsub(',', '', foreigner[,'X.別掲.総人口']))
# 外国人の人数を数値に変換
f <- as.numeric(gsub(',', '', foreigner[,'総数.国籍.']))

# 散布図を描画
plot(all, f)
```

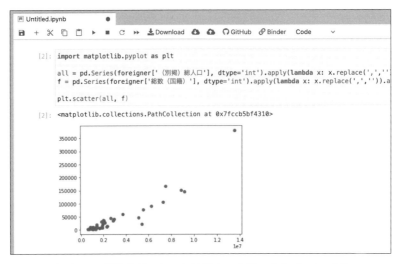

●図 3.6　都道府県の人口と外国人の人数の分布（Python）●

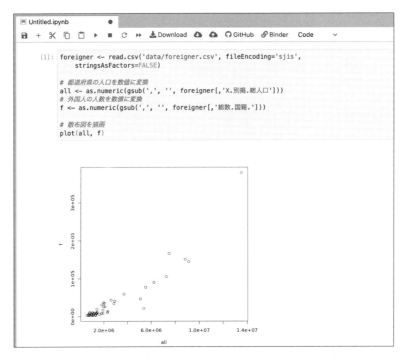

●図 3.7　都道府県の人口と外国人の人数の分布（R）●

　このような散布図を描いてみると、その傾向を捉えることはできますが、その解釈は人によって違うかもしれません。ある人は「人口が多いほど外国人も多い傾向がある」と感じるかもしれませんし、別の人は「バラバラに散らばっている」と感じるかもしれません。

データの関係性を数値化する ～共分散と相関係数

3.2.1　数値化

■ 共分散

　ヒストグラムと同様に散布図でも、人によって解釈が異なる可能性があるため、「数値化」することを考えます。

　平均や分散などを求めて数値化したのと同じように、対応する 2 組のデータを代表する値を考えます。分散では平均との差を 2 乗して散らばり具合を調べましたが、2 組のデータでも平均との差を使って散らばり具合を考えます。

　このように 2 組のデータに対する散らばりを表す値として**共分散**があります。分散では、平均から離れれば離れるほど大きな値になるように、平均との差を 2 乗しました。共分散でも同じようにしたいものです。

　例えば、**表 3.1** の 4 つのデータについて考えてみましょう。それぞれの軸について平均

●表 3.1　2 つの軸があるデータ●

	A	B	C	D	平均
英語	80	60	90	70	75
数学	50	70	40	80	60

●表 3.2　2 つの軸での平均との差●

	A	B	C	D
英語（平均との差）	5	−15	15	−5
数学（平均との差）	−10	10	−20	20

との差を計算すると、**表 3.2** ができます。これを見て、平均から大きく離れているものを考えてみましょう。

表 3.2 の場合、C は平均から大きく離れていて、A は平均に近いと考えられます。直感的には、それぞれの軸における平均との差を掛け合わせると良さそうです。

そこで、それぞれを掛け算し、その平均を求めてみます。この場合、

$$\frac{5 \times (-10) + (-15) \times 10 + 15 \times (-20) + (-5) \times 20}{4} = -150$$

と計算できます。

このように、平均との差の積を平均したものが共分散です。共分散も分散と同じように、単独では意味がなく、他と比べて使います。

2 つの軸をそれぞれ x, y とすると、数学的には次の式で表現できます。

$$S_{xy} = \frac{1}{n} \sum_{k=1}^{n} (x_k - \bar{x})(y_k - \bar{y})$$

この式も、分散を求めたときと同様に、$\bar{x} = \frac{1}{n} \sum_{k=1}^{n} x_k, \ \bar{y} = \frac{1}{n} \sum_{k=1}^{n} y_k$ を用いると、次のように変形できます。

$$
\begin{aligned}
S_{xy} &= \frac{1}{n} \sum_{k=1}^{n} (x_k y_k - x_k \bar{y} - \bar{x} y_k + \bar{x}\bar{y}) \\
&= \frac{1}{n} \left(\sum_{k=1}^{n} x_k y_k - \bar{y} \sum_{k=1}^{n} x_k - \bar{x} \sum_{k=1}^{n} y_k + \bar{x}\bar{y} \sum_{k=1}^{n} 1 \right) \\
&= \frac{1}{n} \left(\sum_{k=1}^{n} x_k y_k - n\bar{x}\bar{y} - n\bar{x}\bar{y} + n\bar{x}\bar{y} \right) \\
&= \frac{1}{n} \left(\sum_{k=1}^{n} x_k y_k - n\bar{x}\bar{y} \right)
\end{aligned}
$$

Python の NumPy や R では、cov 関数で計算できます [1]。

```Python
import numpy as np

english = [80, 60, 90, 70]
math = [50, 70, 40, 80]

np.cov(english, math, bias=True)
```

*1 共分散を表す英語（covariance）の略です。

```
array([[ 125., -150.],
       [-150.,  250.]])
```

cov 関数は共分散の値を返すのではなく、共分散行列という行列を返します。今回の場合、1 行目の 1 列目は英語、2 行目の 2 列目は数学の値が格納されています。そして、欲しい「英語と数学の共分散」は 1 行目の 2 列目、もしくは 2 行目の 1 列目に格納されています。

ここで、1 行目の 1 列目にある「英語の共分散」が何を表しているか考えてみましょう。上記の S_{xy} を求める数式において、x も y も同じものだと考えると、次の式で求められます。

$$S_{xx} = \frac{1}{n}\sum_{k=1}^{n}(x_k - \bar{x})^2 = \frac{1}{n}\left(\sum_{k=1}^{n}x_k^2 - n\bar{x}^2\right)$$

これを見ると、分散を求める式と同じであることがわかります。つまり、共分散行列において 1 行目の 1 列目、2 行目の 2 列目には分散が格納されているのです。

R でも同じように cov 関数を使います。こちらは、共分散の値だけを求められます。

R
```
english <- c(80, 60, 90, 70)
math <- c(50, 70, 40, 80)

cov(english, math)
```

```
-200
```

Python と R で結果が異なってしまいました。ここで、Python の NumPy でも引数として指定した bias=True という部分を外すと、同じように −200 が得られます。

Python
```
import numpy as np

english = [80, 60, 90, 70]
math = [50, 70, 40, 80]

np.cov(english, math)
```

```
array([[ 166.66666667, -200.        ],
       [-200.        ,  333.33333333]])
```

これは、不偏共分散という値が求められているからです。これについては、第4章で詳しく説明します。

■ 相関係数

共分散によって平均から離れているかどうかを数値化できましたが、それぞれの軸の単位によって値が大きく変わります。上記のように、それぞれ100点満点の得点であればそれほど問題にならないかもしれませんが、「身長と体重」のように、軸の単位が異なると解釈が難しくなります。

そこで、1次元のデータで扱った標準化と同じことを考えます。1次元のデータの場合は、平均との差を標準偏差で割って標準化しました（「2.3.2 分布を揃える〜標準化と偏差値」）。

今回は、共分散の値をそれぞれの標準偏差の積で割ってみます。

$$r = \frac{\dfrac{1}{n}\displaystyle\sum_{k=1}^{n}(x_k - \bar{x})(y_k - \bar{y})}{\sqrt{\dfrac{1}{n}\displaystyle\sum_{k=1}^{n}(x_k - \bar{x})^2}\sqrt{\dfrac{1}{n}\displaystyle\sum_{k=1}^{n}(y_k - \bar{y})^2}}$$

$$= \frac{\displaystyle\sum_{k=1}^{n}(x_k - \bar{x})(y_k - \bar{y})}{\sqrt{\displaystyle\sum_{k=1}^{n}(x_k - \bar{x})^2}\sqrt{\displaystyle\sum_{k=1}^{n}(y_k - \bar{y})^2}}$$

これが**相関係数**で、−1から1の間の値をとります。この相関係数が1に近い場合は右肩上がりの分布、−1に近い場合は右肩下がりの分布に近づきます。また、0に近い場合はバラバラだといえます。分布のイメージは**図3.8**のような関係になっており、相関係数の値をもとに**表3.3**のように表現します。

では、実際に相関係数を求めてみましょう。PythonのNumPyでは、corrcoef関数に

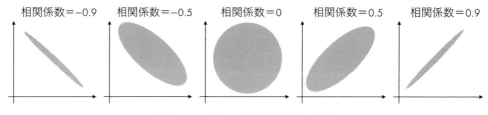

相関係数=−0.9　相関係数=−0.5　相関係数=0　相関係数=0.5　相関係数=0.9

●図3.8　分布の形と相関係数の値●

●表 3.3 相関係数と関係●

相関係数	−1.0〜−0.7	−0.7〜−0.2	−0.2〜0.2	0.2〜0.7	0.7〜1.0
関係	強い負の相関がある	弱い負の相関がある	相関がない	弱い正の相関がある	強い正の相関がある

て計算できます[*2]。

Python

```
import numpy as np

english = [80, 60, 90, 70]
math = [50, 70, 40, 80]

np.corrcoef(english, math)
```

```
array([[ 1.        , -0.84852814],
       [-0.84852814,  1.        ]])
```

corrcoef 関数は cov 関数と同様に、行列で結果を返します。

なお、DataFrame の場合は、corr メソッドを使う方法もあります（**図 3.9**）。

Python

```
import numpy as np
import pandas as pd

score = pd.DataFrame([[80, 50], [60, 70], [90, 40], [70, 80]])

score.corr()
```

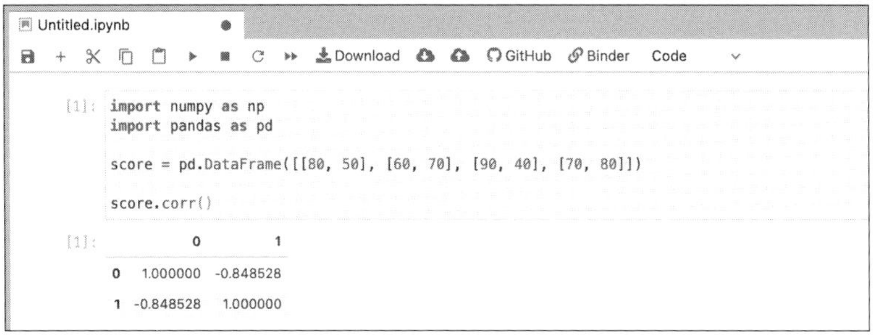

●図 3.9 Data Frame を使用した相関係数の計算（Python）●

*2 相関係数を意味する英語（correlation coefficient）の略です。

R では cor 関数を使います。

```R
english <- c(80, 60, 90, 70)
math <- c(50, 70, 40, 80)

cor(english, math)
```

```
-0.848528137423857
```

なお、多次元のデータを渡すと、行列で結果を返してくれます（**図 3.10**）。

```R
score <- cbind(c(80, 60, 90, 70), c(50, 70, 40, 80))

cor(score)
```

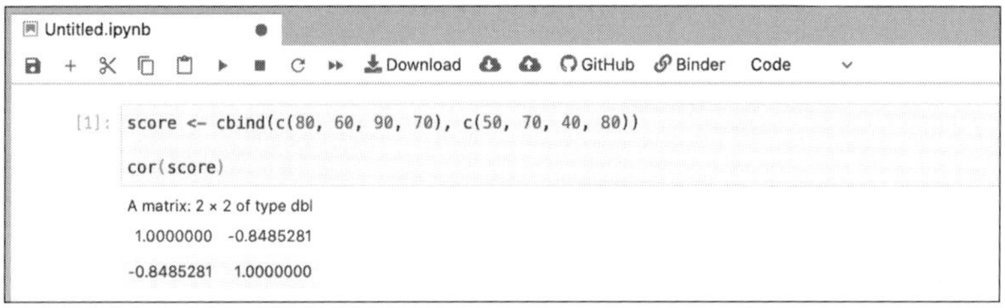

●図 3.10　2 次元の相関係数の計算（R）●

このように、2 つのデータの関係の度合いを数値化する場合は、共分散よりも相関係数を使うことが一般的です。

ここで、「都道府県の人口と外国人の人数の分布」について相関係数を調べてみましょう（**図 3.11**、**図 3.12**）。

```Python
import pandas as pd

foreigner = pd.read_csv('data/foreigner.csv', encoding='shift_jis')

# 都道府県の人口を数値に変換
all = pd.Series(foreigner['（別掲）総人口'], dtype='int')\
    .apply(lambda x: x.replace(',','')).astype(int)
# 外国人の人数を数値に変換
```

```
f = pd.Series(foreigner['総数(国籍)'], dtype='int')\
    .apply(lambda x: x.replace(',','')).astype(int)

population = pd.DataFrame({'all': all, 'f': f})
population.corr()
```

R

```
foreigner <- read.csv('data/foreigner.csv', fileEncoding='sjis',
    stringsAsFactors=FALSE)

# 都道府県の人口を数値に変換
all <- as.numeric(gsub(',', '', foreigner[,'X.別掲.総人口']))
# 外国人の人数を数値に変換
f <- as.numeric(gsub(',', '', foreigner[,'総数.国籍.']))

population <- cbind(all, f)
cor(population)
```

●図3.11　都道府県の人口と外国人の人数の相関係数（Python）●

　今回の場合、表3.3にあてはめると、強い正の相関があると考えられます。このように相関係数を求めると、誰でも同じ認識を持つことができます。

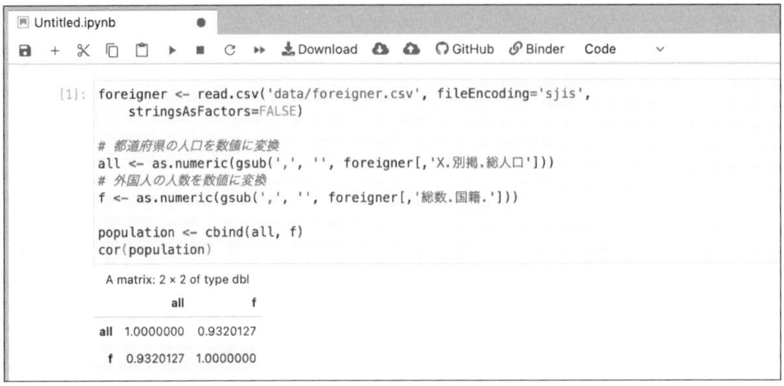
Untitled.ipynb
Download
GitHub
Binder
Code
[1]:
foreigner <- read.csv('data/foreigner.csv', fileEncoding='sjis',
    stringsAsFactors=FALSE)
# 都道府県の人口を数値に変換
all <- as.numeric(gsub(',', '', foreigner[,'X.別掲.総人口']))
# 外国人の人数を数値に変換
f <- as.numeric(gsub(',', '', foreigner[,'総数.国籍.']))
population <- cbind(all, f)
cor(population)
A matrix: 2 × 2 of type dbl
all f
all 1.0000000 0.9320127
f 0.9320127 1.0000000

●図 3.12　都道府県の人口と外国人の人数の相関係数（R）●

3.2.2　相関に騙されない～因果関係と擬似相関

■因果関係とは

相関係数は便利に使える一方で、いくつか注意点があります。散布図や相関は複数の軸でその関係性をわかりやすく表現できますが、相関があるからといって、必ずそのような結果が得られる、というものではありません。例えば、e-Stat で公開されている時系列データの中に、小学校数や中学校数、小学生の人数などのデータがあります [*3]。

今回は「小学校数」と「中学校数」「小学生の人数」のデータをダウンロードして、Excel などで横に並べて 1 つの CSV ファイルとして作成します。執筆時点のデータでは、次のようなファイルを作成できます。

```
時点,小学校数【校】,小学生【人】,中学校数【校】
1948年,25237,10774652,16285
1949年,25638,10991927,14200
1950年,25878,11191401,14165
1951年,26056,11422992,13836
1952年,26377,11148325,13748
（中略）
2020年,19526,6300735,10143
```

ここから、小学校数と小学生の人数を使って散布図を描いてみましょう（**図 3.13**、**図 3.14**）。

*3　e-Stat のトップページから「時系列表」を開き、分野（大分類）から「教育・文化・スポーツ・生活」を選択。

```Python
import pandas as pd
school = pd.read_csv('data/school.csv')
print(school.corr())

import matplotlib.pyplot as plt
plt.scatter(
    pd.Series(school['小学校数【校】'], dtype='int'),
    pd.Series(school['小学生【人】'], dtype='int')
)
```

```R
school <- read.csv('data/school.csv')
cor(school$小学校数.校., school$小学生.人.)
plot(school$小学校数.校., school$小学生.人.)
```

　相関係数を見ると、約 0.86 と正の相関があるように思います。このことから、小学校の数を増やせば小学生の人数が増えるように見えるかもしれません。

　しかし実際は逆で、小学生の人数が増えると小学校の数を増やし、人数が減ってくると

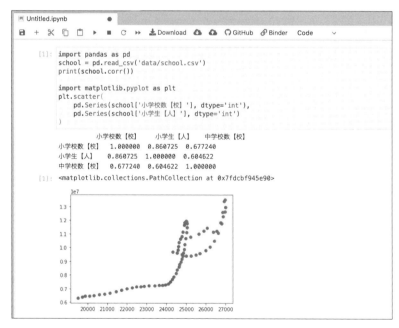

●図 3.13　小学校の数と小学生の人数の関係（Python）●

小学校の数を減らしていることがこのような分布になる原因です。このように、原因と結果の関係になっている場合を**因果関係**といいます。

相関があるように見える場合も、その背景にある理由を考えなければなりません。

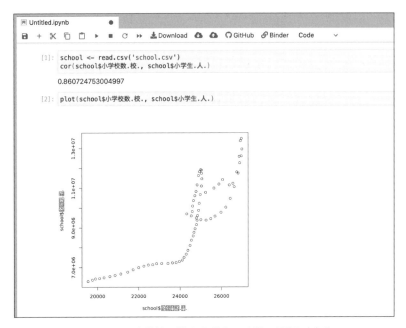

●図 3.14　小学校の数と小学生の人数の関係（R）●

■ 擬似相関とは

相関関係を見るときに注意しなければいけないのは因果関係のような単純なものだけではありません。**図 3.15**、**図 3.16** は「小学校の数」と「中学校の数」の関係を表しています。

大きく分けて 2 つの傾きがあるように見えますが、これは政策の違いでしょう。どちらの傾きを見ても、小学校の数が多くなると中学校の数も増えていることがわかります。

```Python
import pandas as pd
school = pd.read_csv('data/school.csv')

import matplotlib.pyplot as plt
plt.scatter(
    pd.Series(school['小学校数【校】'], dtype='int'),
    pd.Series(school['中学校数【校】'], dtype='int')
)
```

```
school <- read.csv('data/school.csv')
cor(school$小学校数.校., school$中学校数.校.)
plot(school$小学校数.校., school$中学校数.校.)
```

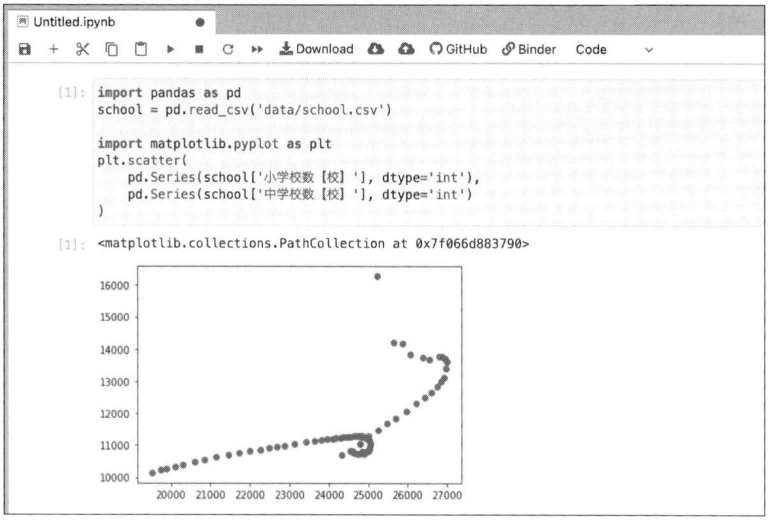

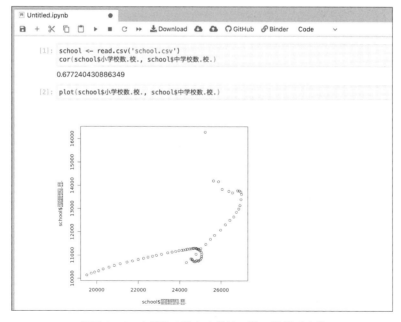

●図 3.15　小学校の数と中学校の数の関係（Python）●

●図 3.16　小学校の数と中学校の数の関係（R）●

しかし、これを見て「小学校を増やせば中学校も増える」と考える人はいないでしょう。

　因果関係のように逆に考えて、「中学校の数を増やせば小学校の数も増える」と考えるのも間違いだとすぐにわかります。これは、こどもの人数が増えると小学校の数も中学校の数も増える、という関係が背景にあります。

　この散布図を見るときには、「こどもの人数」という視点を入れないと、正しく解釈できません。このように、他の理由があって相関しているように見える関係を**擬似相関**といいます。

　散布図は便利ですが、読み取れることは 2 つの量の間に何らかの関係性があることだけです。その背景にある因果関係や擬似相関を見抜くためには、なぜそのような関係性が得られるのか考えることが必要です。

■ 外れ値に注意

　相関係数を使うと、関係性の強さを数値で表現できますが、外れ値が存在する場合には注意が必要です。平均を求めるときにも外れ値があると、実感と大きくずれることがありましたが、相関を考える場合も同様です。

　例えば、国勢調査のデータから各都道府県別の「未成年の割合」と「15 歳以上の未婚率」の分布を調べてみましょう。若い人が多い都心ほど未婚の割合が高い、という傾向がありそうですが、実際の散布図を見ると、**図 3.17** のようになりました。

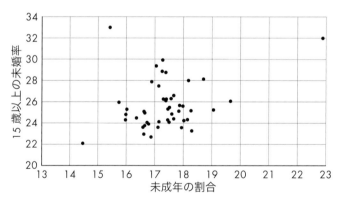

●図 3.17　外れ値の例●

　この図を見ると、左上と右上に 1 つずつ離れた値の存在に気づきます。左上の点は東京都、右上の点は沖縄県です。

　この分布の相関係数を調べてみると、0.313212 で弱い正の相関がある程度です。しかし、東京都を除いて調べてみると、この相関係数は 0.494353 で、ほぼ 0.5 に変わります。また、

沖縄県を除いて調べてみると、この相関係数は0.061753で、ほぼ0に近づきます。

　つまり、たった1つのデータだけで、相関係数が一気に変わる場合があるのです。このように、データの数が少ない場合には、外れ値の存在などに注意しないと、1件のデータで相関係数が大きく変わってしまい、異なる解釈になってしまいます。

■散布図を描かずに相関係数だけを計算してはいけない

　相関係数を使うことに慣れてくると、散布図を描く前に、2つの軸があるデータを見ただけで相関係数を計算してしまう人がいます。相関係数は数値化できて便利な一方で、その散布図を見ないと正しく把握できない場合があるのです。

　例えば、**図3.18**のような散布図になった場合が考えられます。

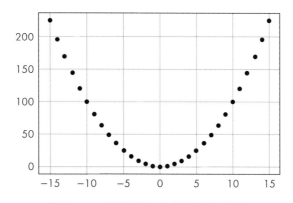

●図3.18　相関がないと判定される例●

　この場合、明らかに何らかの関係がありそうです。しかし、相関係数を計算すると、その値は0となりました。つまり、「相関がない」といえます。

　相関係数は直線的な関係の強さを表す指標なので、直線的な関係がない場合は、相関係数だけを見ても意味がありません。必ず散布図などを合わせて関係性を調べるようにしましょう。

3.2.3　多変量の相関

■多次元データの相関係数と散布図

　PythonやRを使うメリットとして、多変量であってもそれぞれの変数に対する相関係数を簡単に計算し、散布図をプロットできることが挙げられます。

　相関係数が行列として求められるのは前述の通りです。例えば、「1.3.2 その他のオープンデータ」で紹介したアヤメの品種データ「iris」を使ってみましょう。

	Sepal.Length	Sepal.Width	Petal.Length	Petal.Width	Species
	<dbl>	<dbl>	<dbl>	<dbl>	<fct>
1	5.1	3.5	1.4	0.2	setosa
2	4.9	3.0	1.4	0.2	setosa
3	4.7	3.2	1.3	0.2	setosa
4	4.6	3.1	1.5	0.2	setosa
5	5.0	3.6	1.4	0.2	setosa
6	5.4	3.9	1.7	0.4	setosa

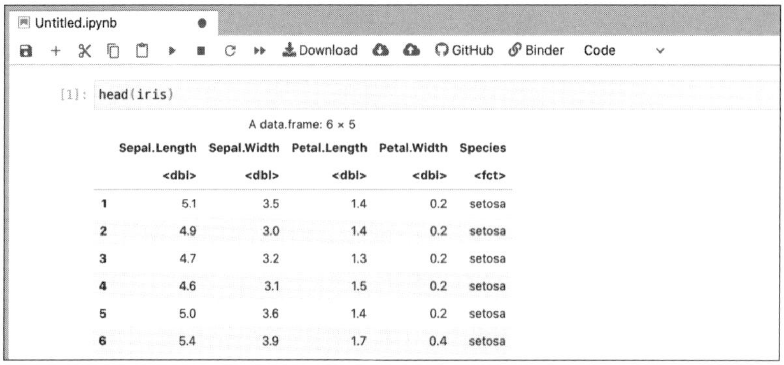

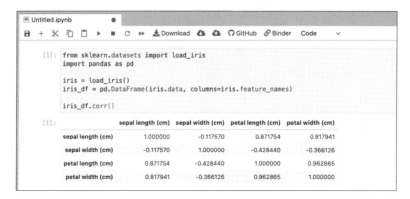

●図 3.19　アヤメのデータの冒頭部分●

このデータは、4 つの属性からアヤメの品種を予測するものでした（**図 3.19**）。

このように複数の軸があるデータは少なくありません。がく片の長さとがく片の幅、がく片の長さと花弁の長さなど、さまざまな関係について相関係数を 1 つずつ調べるのは面倒です。そこで、すべての組み合わせについて相関係数を調べてみましょう（**図 3.20**、**図 3.21**）。

Python
```
from sklearn.datasets import load_iris
import pandas as pd

iris = load_iris()
iris_df = pd.DataFrame(iris.data, columns=iris.feature_names)

iris_df.corr()
```

	sepal length (cm)	sepal width (cm)	petal length (cm)	petal width (cm)
sepal length (cm)	1.000000	-0.117570	0.871754	0.817941
sepal width (cm)	-0.117570	1.000000	-0.428440	-0.366126
petal length (cm)	0.871754	-0.428440	1.000000	0.962865
petal width (cm)	0.817941	-0.366126	0.962865	1.000000

●図 3.20　アヤメのデータの相関係数（Python）●

```
cor(iris[,c(1:4)])
```

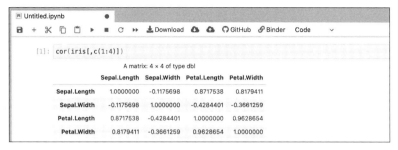

●図 3.21　アヤメのデータの相関係数（R)●

このように、属性の数だけ行列形式で相関係数が表示され、それぞれの値をまとめて調べられます。

■散布図行列

相関係数を行列として表現すると、相関の強い2変数を見つけられます。しかし、相関係数を調べるだけでは意味がないことは「3.2.2 相関に騙されない～因果関係と擬似相関」で書いた通りです。必ず分布を調べなければいけません。

そこで登場するのが**散布図行列**です。複数の軸での散布図を行列にまとめて表現することで、視覚的に相関の有無を把握できます。

Pythonではpandasで描いてみましょう（**図 3.22**）。

Python
```
from sklearn.datasets import load_iris
import pandas as pd
import matplotlib.pyplot as plt

iris = load_iris()
iris_df = pd.DataFrame(iris.data, columns=iris.feature_names)

pd.plotting.scatter_matrix(iris_df, figsize=(10, 10), c=iris.target)
plt.show()
```

Rではplotやpairsという関数を使えます（結果はPythonと同じです。**図 3.23**）。ここで、pch = 21という指定は点の円を指定した色で塗りつぶすことを意味し、その色はbgで品種ごとに赤、緑、青を使うことを表しています。

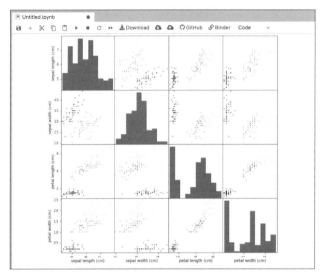

●図 3.22　アヤメのデータの散布図行列（Python）●

```R
plot(iris[,c(1:4)], pch = 21, bg = c(2:4)[unclass(iris$Species)])
```

```R
pairs(iris[,c(1:4)], pch = 21, bg = c(2:4)[unclass(iris$Species)])
```

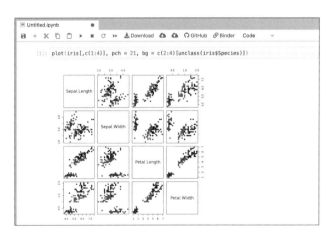

●図 3.23　アヤメのデータの散布図行列（R）●

3.2.4　時系列同士の関係を見る

■相関係数を調べる

2つの時系列データがあったとき、その相関係数を調べることがあります。例えば、日経平均株価と東証株価指数（TOPIX）のデータを見てみましょう。相関係数を調べると、その2つの時系列の間の傾向を把握できます。

ここでは、e-Stat のトップ画面にある「時系列表」を選び、分野（大分類）の「企業・家計・経済」からそれぞれの「月単位」のデータを取得します。日経平均株価は 2000 年からのデータがありますが、TOPIX は 2007 年 2 月からしかありません。そこで、TOPIX に合わせることにしましょう。

それぞれのデータを Excel などで横に並べて整形し、次のような csv ファイルを作成します。

```
year,month,TOPIX,nikkei
2007,2,1752.24,17604.12
2007,3,1713.61,17287.65
2007,4,1701,17400.41
2007,5,1755.68,17875.75
2007,6,1774.88,18138.36
2007,7,1706.18,17248.89
2007,8,1608.25,16569.09
2007,9,1616.62,16785.69
2007,10,1620.07,16737.63
2007,11,1531.88,15680.67
2007,12,1475.68,15307.78
（中略）
2020,8,1618.18,23139.76
```

このデータで相関係数を求めると、次のように 0.956 となりました。これは正の相関があるといえます（**図 3.24**）。

```Python
import pandas as pd

stock = pd.read_csv('data/stockprice.csv', encoding='shift_jis')
stock.corr()
```

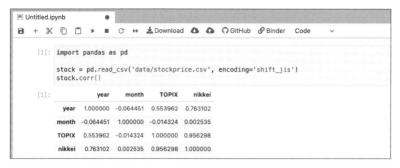

●図 3.24　相関係数（Python）●

```
stock <- read.csv('data/stockprice.csv')
cor(stock$TOPIX, stock$nikkei)
```

```
0.956298417396033
```

　散布図を描くと、**図 3.25** や**図 3.26** のようになりました。横軸は TOPIX、縦軸は日経平均株価を示しています。

Python

```
import matplotlib.pyplot as plt

plt.scatter(
    pd.Series(stock['TOPIX'], dtype='int'),
    pd.Series(stock['nikkei'], dtype='int')
)
```

R

```
plot(stock$TOPIX, stock$nikkei)
```

　散布図を見ると傾向の異なる 2、3 種類のデータがあるように見えます。そこで、もう少し詳しく見てみましょう。

　年単位に色をつけてみると、2008 年以前と 2009 年以降で傾きが変わっているように見えます。そこで、ここでは 2009 年前後で色を分けてみましょう（**図 3.27**、**図 3.28**）。

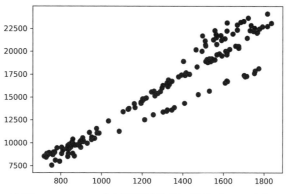

●図 3.25　TOPIX と日経平均株価の関係（Python）●

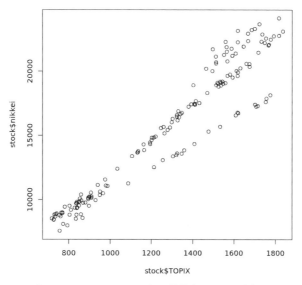

●図 3.26　TOPIX と日経平均株価の関係（R）●

```Python
import matplotlib.pyplot as plt

color = [1 if i > 2009 else 0 for i in stock['year']]

plt.scatter(
    pd.Series(stock['TOPIX'], dtype='int'),
    pd.Series(stock['nikkei'], dtype='int'),
    30,
```

```
    color
)
```

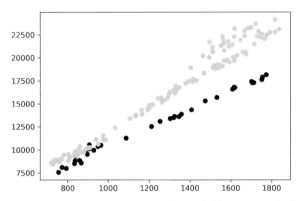

●図 3.27　TOPIX と日経平均株価の関係（2009 年前後で色分け）（Python）●

R

```
plot(stock$TOPIX, stock$nikkei, pch = 21,
    bg = as.numeric(stock$year > 2009) + 2)
```

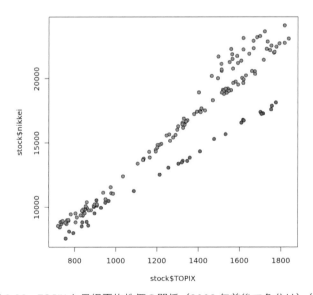

●図 3.28　TOPIX と日経平均株価の関係（2009 年前後で色分け）（R）●

　一般的に日経平均株価と TOPIX は連動しているように見えますが、このように視点を変えてみることも大切です。

[3.3] アンケート分析の基本～クロス集計

3.3.1　件数や合計を集計

■クロス集計

Excel でよく使う機能としてピボットテーブルがあります。複数の項目に対するデータがあったとき、それぞれの項目に対する件数や合計などを集計するものです。

例えば、性別と血液型を答えるアンケートがあり、その結果が**図 3.29** の左側のような回答だったとします。このデータにピボットテーブルを適用して、縦に性別、横に血液型で件数を集計すると、右側のように作成できます。

このような集計方法を**クロス集計**といいます。クロス集計を使うと、年齢や性別、血液

No	性別	血液型
1	男	A
2	女	B
3	男	B
4	男	AB
5	女	O
6	男	A
7	女	A
8	女	AB
9	男	A
10	女	A
11	女	O
12	男	B

個数 / 性別	列ラベル				
行ラベル	A	AB	B	O	総計
男	3	1	2		6
女	2	1	1	2	6
総計	5	2	3	2	12

●図 3.29　ピボットテーブルによる集計●

型などの属性によって、それらの間にどのような関係があり、どのような違いがあるのか、その傾向を把握できます。例えば、アンケートを実施した場合、クロス集計をすることで若い世代の来店者数は男性が多い、女性の方が購入金額が多い、午前中の来店者は満足度が高い、など属性によって分類できます。そのデータを使って、同じ属性を持つ顧客に対してリコメンドする、時間帯に応じて店頭に並べる数を変える、仕入れの数を増やす、などの対応が可能になります。

Python でクロス集計するには、pandas の crosstab を使うと簡単です（**図 3.30**）。

Python

```python
import pandas as pd

df = pd.DataFrame([
    ['男', 'A'], ['女', 'B'], ['男', 'B'], ['男', 'AB'],
    ['女', 'O'], ['男', 'A'], ['女', 'A'], ['女', 'AB'],
    ['男', 'A'], ['女', 'A'], ['女', 'O'], ['男', 'B']
], columns=['sex', 'blood_type'])
pd.crosstab(df['sex'], df['blood_type'])
```

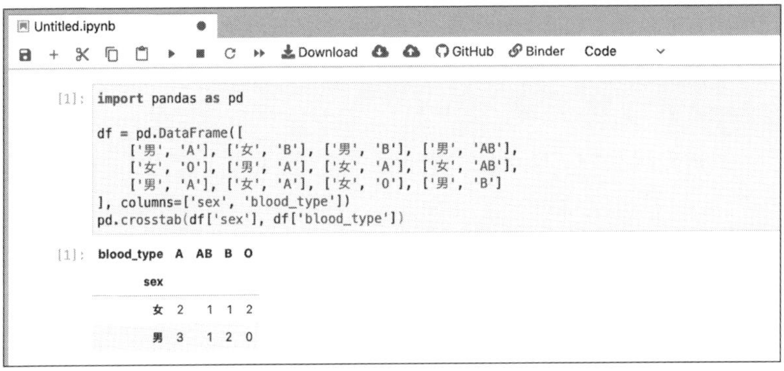

●図 3.30　クロス集計（Python）●

R では、table 関数を使います（**図 3.31**）。

R

```r
df <- data.frame(
    sex=c(
        '男', '女', '男', '男', '女', '男',
        '女', '女', '男', '女', '女', '男'
    ),
    blood_type=c(
```

```
        'A', 'B', 'B', 'AB', 'O', 'A',
        'A', 'AB', 'A', 'A', 'O', 'B'
    )
)
table(df$sex, df$blood_type)
```

```
Untitled.ipynb                              ●
💾  +  ✂  📋  📋  ▶  ■  C  ↠  ⬇ Download  ☁  ☁  ○ GitHub  🔗 Binder   Code     ⌄

[1]: df <- data.frame(
        sex=c('男', '女', '男', '男', '女', '男', '女', '女', '男', '女', '女', '男'),
        blood_type=c('A', 'B', 'B', 'AB', 'O', 'A', 'A', 'AB', 'A', 'A', 'O', 'B')
     )
     table(df$sex, df$blood_type)

        A AB B O
     女 2  1 1 2
     男 3  1 2 0
```

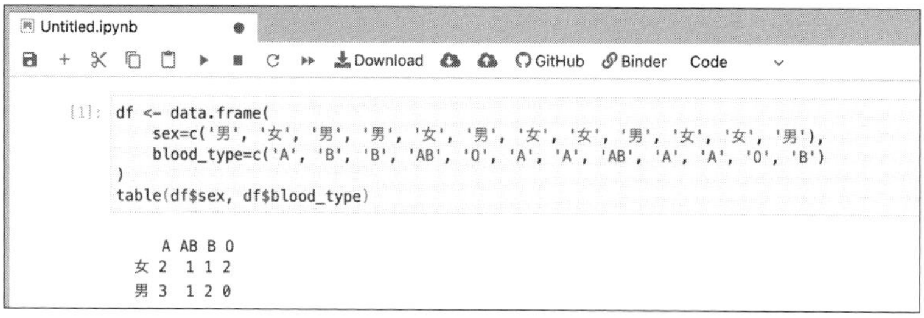

●図 3.31　クロス集計（R）●

■割合を求める

単純にクロス集計をすると、それぞれに含まれる度数を求められます。しかし、複数の集計表を見比べるときには、度数よりも割合の方が便利です。

Python の pandas で割合のクロス集計を作成するには、クロス集計した結果に対して、正規化するオプションを指定します。**正規化**とは、最低が 0、最高が 1 になるようにデータを加工することを指します。

標準化では平均が 0、標準偏差が 1 になるようにデータを加工しました（「2.3.1 異なる単位を統一する」）が、割合を求める場合には正規化が便利です。pandas では `normalize=True` というオプションを指定すると、正規化できます（**図 3.32**）。

Python
```python
import pandas as pd

df = pd.DataFrame([
    ['男', 'A'], ['女', 'B'], ['男', 'B'], ['男', 'AB'],
    ['女', 'O'], ['男', 'A'], ['女', 'A'], ['女', 'AB'],
    ['男', 'A'], ['女', 'A'], ['女', 'O'], ['男', 'B']
], columns=['sex', 'blood_type'])
pd.crosstab(df['sex'], df['blood_type'], normalize=True)
```

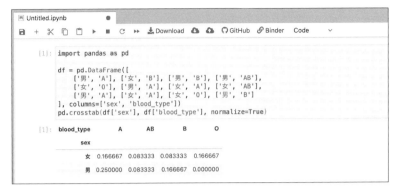

●図3.32　割合のクロス集計（Python）●

Rで割合のクロス集計を作成するには、table関数の結果に対して、prop.tableという関数を使います（**図3.33**）。

```R
df <- data.frame(
    sex=c(
        '男', '女', '男', '男', '女', '男',
        '女', '女', '男', '女', '女', '男'
    ),
    blood_type=c(
        'A', 'B', 'B', 'AB', 'O', 'A',
        'A', 'AB', 'A', 'A', 'O', 'B'
    )
)
df_table <- table(df$sex, df$blood_type)
prop.table(df_table)
```

```
[1]: df <- data.frame(
        sex=c('男', '女', '男', '男', '女', '男', '女', '女', '男', '女', '女', '男'),
        blood_type=c('A', 'B', 'B', 'AB', 'O', 'A', 'A', 'AB', 'A', 'A', 'O', 'B')
     )
     df_table <- table(df$sex, df$blood_type)
     prop.table(df_table)

             A         AB          B          O
     女 0.16666667 0.08333333 0.08333333 0.16666667
     男 0.25000000 0.08333333 0.16666667 0.00000000
```

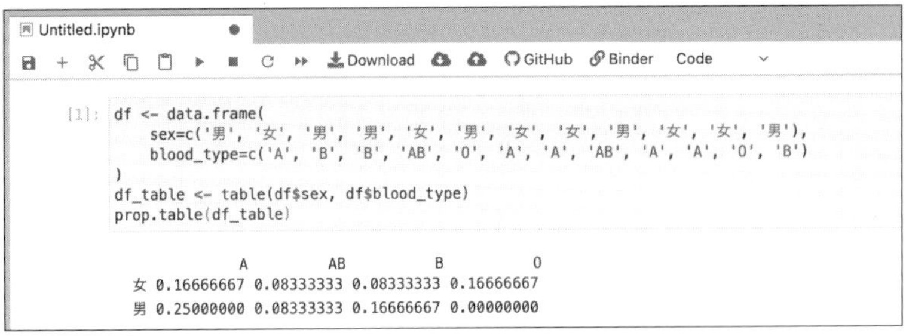

●図3.33　割合のクロス集計（R）●

3.3.2 多重クロス集計

■3重クロス集計

3つ以上の設問を組み合わせて集計することを**多重クロス集計**といいます。例えば、**表3.4**のように、性別・年齢・回答の3つの軸で集計したものは**3重クロス集計**といいます。

●表3.4　3重クロス集計●

		Yes	No	合計
男性	20代	100	50	150
	30代	80	40	120
	40代	70	60	130
	合計	250	150	400
女性	20代	60	80	140
	30代	70	90	160
	40代	50	50	100
	合計	180	220	400
合計		430	370	800

■Pythonでの多重クロス集計

Pythonではpandasのcrosstabの引数として、リストを指定するだけです。ここでは、アンケート結果を集計する処理を作成してみましょう。

アンケートデータは実際に収集したものを使うものとして、ここでは乱数で値を発生させたデータを使います（**図3.34**）。

```Python
import numpy as np
import pandas as pd

# 年齢
age = np.random.choice([i for i in range(13, 20)], 50)
# 性別
sex = np.random.choice(['男', '女', 'その他'], 50)
# 評価
eval = np.random.choice(['とても良い', '良い', '悪い', 'とても悪い'], 50)

df = pd.DataFrame({'age': age, 'sex': sex, 'eval': eval})

pd.crosstab([df['age'], df['sex']], df['eval'])
```

age	eval sex	とても悪い	とても良い	悪い	良い
13	その他	2	0	0	0
	男	1	1	0	0
14	その他	0	0	2	1
	女	1	0	1	1
	男	0	1	0	1
15	その他	1	1	1	0
	女	1	0	0	0
	男	0	0	0	1
16	その他	1	0	0	0
	女	2	1	1	0
	男	0	1	0	3
17	その他	0	0	1	1
	女	1	2	0	2
	男	0	2	0	0
18	その他	1	0	1	2
	女	0	1	2	0
	男	1	0	1	2
19	女	0	0	1	0
	男	1	1	0	1

●図 3.34　3 重クロス集計●

4 重クロス集計の場合も、同じように集計できます。

■R での多重クロス集計

R では引数の個数を変えることで多重クロス集計が可能です。

```R
# 年齢
age <- as.integer(runif(30, min=1, max=3))
# 性別
sex <- as.integer(runif(30, min=1, max=8))
# 評価
eval <- as.integer(runif(30, min=1, max=4))

df <- data.frame(age=age, sex=sex, eval=eval)
table(df$age, df$sex, df$eval)
```

```
, , = 1


    1 2 3 4 5 6 7
1 1 1 0 3 1 1 1
2 0 2 0 2 1 1 0

, , = 2


    1 2 3 4 5 6 7
1 0 0 1 1 1 0 0
2 1 0 1 1 0 1 1

, , = 3


    1 2 3 4 5 6 7
1 2 0 0 0 2 0 0
2 0 2 1 0 0 0 1
```

出力を整形するために table 関数の結果に対し、ftable 関数を使うと綺麗に表示でき
ます。

```R
ftable(table(df$age, df$sex, df$eval))
```

```
      1 2 3

1 1  1 0 2
  2  1 0 0
  3  0 1 0
  4  3 1 0
  5  1 1 2
  6  1 0 0
  7  1 0 0
2 1  0 1 0
  2  2 0 2
  3  0 1 1
  4  2 1 0
  5  1 0 0
```

```
6  1 1 0
7  0 1 1
```

3.3.3　クロス集計を使うときの注意点

■ 標本数が少ないと有効な結果が得られない

　全体では十分と思われるほど多くのデータを集めていたとしても、クロス集計すると、その1つ1つの集計値が少なくなってしまう場合があります。この場合、その集計からは有効な結果が得られないことが考えられます。

　例えば、上記で作成した3重クロス集計の表を見ると、それぞれの枠に分類されている数が非常に少なくなっています。これでは、どのような分布になっているのかわからないのです。

　このため、実務的には軸の数を減らす、回答の数を増やす、などの対策が求められます。

■ 複数回答が可能になっていると正しく分類されない

　アンケートなどで回答を求める場合、**図 3.35** のように複数回答が可能な場合があります。このとき、**図 3.36** のように単純に集計するのであれば、複数回答があっても特に問題はありません。

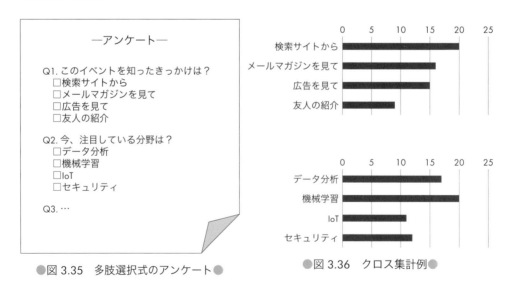

●図 3.35　多肢選択式のアンケート●　　　●図 3.36　クロス集計例●

　しかし、**表 3.5** のようにクロス集計を使ってしまうと、分類があいまいになってしまい

ます。多肢選択式の回答の場合は、クロス集計を使うことは避けた方が良いでしょう。

●表 3.5　クロス集計●

	データ分析	機械学習	IoT	セキュリティ
検索サイトから	6	9	4	1
メールマガジンを見て	2	3	5	6
広告を見て	5	4	1	5
友人の紹介	4	4	1	0

過去のデータから傾向を知る
〜移動平均

3.4.1　時系列での大まかな変化を捉える〜移動平均

■時系列データ

　時系列などで「変化」に着目する場合は折れ線グラフを使いましたが、これでは過去の推移を見られるだけです。一定の期間で同じようなパターンを繰り返す場合は、周期性から未来を予測できるかもしれませんが、周期性がないことも考えられます。

　このような周期性がない場合でも、過去のデータをもとに未来を予測してみましょう。ここで重要なのは、勘や予想ではなく、データに基づく「予測」をすることです。細かな期間での変化を見るのではなく、長期的な視野で変化を捉えることで、流れが見えてくる場合があります。そこで大まかな変化を捉える方法を紹介します。

　観測するタイミングはデータによって異なります。例えば、国勢調査は 5 年に 1 度ですが、政府の財政データは毎年集計されます。ガソリンの小売価格などは毎週更新されますし、株価データであれば毎日更新されます。最近では、IoT 端末などの普及により、部屋の温度などを誰でも手軽にコンピュータで自動的に計測、記録できるようになりました。この場合は、もっと細かい頻度で取得することも可能です。

　このとき、取得する間隔を変えるだけで、グラフの見た目は大きく変わります。株価のデータの場合は表示する期間を変えると、日次、月次、年次のように表示することが一般的です。毎日のデータをもとに毎月末日のデータを使う、毎年 12 月 31 日のデータを使う、などの方法があります。

　ここでは、第 1 章でダウンロードし、保存した気象庁が提供している気温のデータ（temperature.csv）を使ってみましょう。

■ 期間をずらしながら平均を計算する

単純に気温データを折れ線グラフで表現すると、**図 3.37** のように日々変化していることがわかります。急に暖かくなる日があるかと思えば、急に寒くなる日もあるのです。このように、細かくデータが変動していると、そのグラフは凹凸です。

```R
temperature <- read.csv('data/temperature.csv')
plot(as.Date(temperature[,1]), temperature[,2], type='l')
```

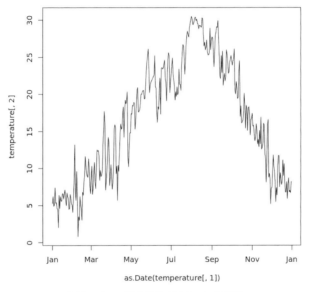

●図 3.37　日々変わるデータの例●

そこで、このデータから傾向を調べてみましょう。過去のデータから傾向を調べる 1 つの方法として**移動平均**があります。

名前の通り、移動しながら平均を計算する方法です。ここでは 1 週間の平均を 1 日ずつずらしながら計算してみましょう。例えば、1/1 から 1/7 までの 1 週間の平均、1/2 から 1/8 までの 1 週間の平均、というように期間をずらしながら求めて、この平均の傾向を調べる方法です。

Python では、NumPy の convolve 関数を使う方法や、Pandas の rolling メソッドを使う方法があります。convolve は「畳み込み演算」とも呼ばれ、フィルタとなるリストと掛け合わせる関数です（**図 3.38**）。

これを見ると、フィルタを順に移動しながら、掛け算した結果が得られていることがわかります。フィルタとして同じ値を用意しているので、平均が求められています。

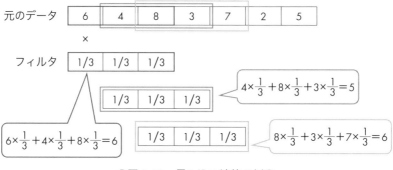

●図 3.38　畳み込み演算の例●

　Python では、次のように実装できます。もとのリストの両端では、フィルタの一部と掛け合わされていることがわかります。

```Python
import numpy as np

data = np.array([6, 4, 8, 3, 7, 2, 5])
filter = [1/3] * 3
np.convolve(data, filter)
```

```
array([2.        , 3.33333333, 6.        , 5.        , 6.        ,
       4.        , 4.66666667, 2.33333333, 1.66666667])
```

　同様の処理を今回の気温データに実行してみます。ここでは 1 週間での移動平均を作成するため、$\frac{1}{7}$ を 7 つ並べたフィルタと掛け合わせます。

```Python
import pandas as pd
import numpy as np

temperature = pd.read_csv('data/temperature.csv')
temperature.head()

ma = np.convolve(temperature['平均気温(℃)'], [1/7] * 7)
ma
```

```
array([ 0.75714286,  1.64285714,  2.34285714,  3.07142857,  4.12857143,
        4.88571429,  5.65714286,  5.55714286,  5.31428571,  4.9       ,
        5.08571429,  4.68571429,  4.81428571,  4.84285714,  4.98571429,
        5.28571429,  5.94285714,  5.87142857,  6.15714286,  6.28571429,
        6.31428571,  6.22857143,  6.24285714,  6.18571429,  6.2       ,
       〜以下、略〜
```

■ グラフを重ね合わせて表示する

さらに、次のように plot を複数並べて、同じグラフに描いてみます。**図3.39** のグラフをみると、平均を計算したものはもとのグラフよりも変動が小さく、大まかな傾向をつかめていることがわかります。

Python

```python
import matplotlib.pyplot as plt

fig = plt.figure(figsize=(12, 7))
ax = fig.add_subplot(1, 1, 1)
ax.plot(temperature['平均気温(℃)'], label='original')
ax.plot(ma, label='moving average')
plt.legend()
plt.show()
```

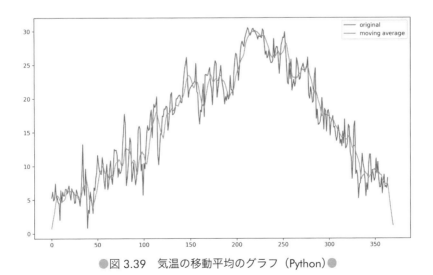

●図 3.39　気温の移動平均のグラフ（Python）●

もう1つの方法として、rolling を使ってみます。これは指定した数だけ取り出して移

動する演算で、例えば rolling(3) と指定すると、3つずつ取り出しながら移動します。そこで、取り出した値に対して平均を計算するには、次のように書きます。

```Python
import pandas as pd

data = pd.Series([6, 4, 8, 3, 7, 2, 5])
data.rolling(3).mean()
```

```
0         NaN
1         NaN
2    6.000000
3    5.000000
4    6.000000
5    4.000000
6    4.666667
dtype: float64
```

Rでも、filter 関数を使うと、フィルタとの掛け合わせが可能です。上記と同様の処理は、次のように実装でき、**図 3.40** の結果が得られます。

```R
temperature <- read.csv('data/temperature.csv')
ma <- filter(temperature[,2], rep(1/7, 7))

plot(as.Date(temperature[,1]), temperature[,2], type='l', ylim=c(0, 30))
par(new=T)
plot(as.Date(temperature[,1]), ma, type='l', col='red', ylim=c(0, 30))
```

このように一定期間の平均を線でつないでできる図を**移動平均線**といいます。

■期間を変えて重ね合わせる

移動平均で使う期間は1つだけしか選べないわけではありません。ここでは、複数の期間で作成したグラフを重ねてみましょう。

先ほど作成した7日間のグラフと重ねて、30日間のグラフを描いてみます（**図 3.41**、**図 3.42**）。

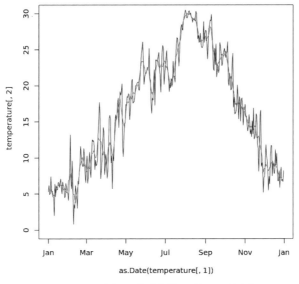

●図 3.40　気温の移動平均のグラフ（R)●

```python
import matplotlib.pyplot as plt

ma1 = np.convolve(temperature['平均気温(℃)'], [1/7] * 7)
ma2 = np.convolve(temperature['平均気温(℃)'], [1/30] * 30)

fig = plt.figure(figsize=(12, 7))
ax = fig.add_subplot(1, 1, 1)
ax.plot(temperature['平均気温(℃)'], label='original')
ax.plot(ma1, label='moving average(7 day)')
ax.plot(ma2, label='moving average(30 day)')
plt.legend()
plt.show()
```

```r
temperature <- read.csv('data/temperature.csv')
ma1 <- filter(temperature[,2], rep(1/7, 7))
ma2 <- filter(temperature[,2], rep(1/30, 30))

plot(as.Date(temperature[,1]), temperature[,2], type='l', ylim=c(0, 30))
par(new=T)
plot(as.Date(temperature[,1]), ma1, type='l', col='red', ylim=c(0, 30))
```

```
par(new=T)
plot(as.Date(temperature[,1]), ma2, type='l', col='blue', ylim=c(0, 30))
```

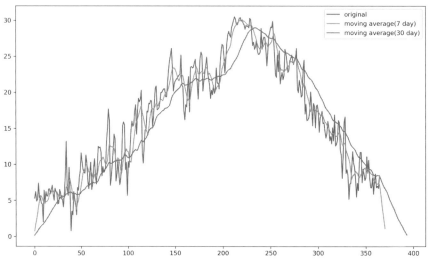

●図 3.41　期間を変えた移動平均線の比較（Python）●

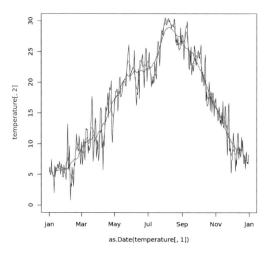

●図 3.42　期間を変えた移動平均線の比較（R）●

　図 3.41 や図 3.42 を見ると、長期間で移動平均線を作成すると変化が緩やかになっていることがわかります。このように、複数の移動平均線を並べて比較することで、気温の変化のトレンドが見えてきます。

■ 移動平均を使うときの注意点

　この移動平均は株価や為替などでよく使われています。細かな変化を見るだけでなく、長期間での変化を見ることで、トレンドがわかってくるのです。このとき、移動平均線を1つだけ見てしまうと、判断を誤ってしまう可能性があります。図 3.41、3.42 のように複数の移動平均線を見比べることで、短期と長期のトレンドの転換点などを見るようにしましょう。

　注意しなければならないのは、移動平均は過去の結果であることです。傾向がわかるといっても、それはあくまでも過去の話で、今後どうなるかを保証してくれるものではありません。当然、移動平均だけを見ているとトレンドの転換に気づくのも遅れてしまいます。転換した時期をあとで把握するためには使えますが、それから行動を起こしていたのでは間に合いません。このような特徴から**遅行指標**と呼ばれ、平均の算出期間が長いほど、急激な変動についていけなくなります。

3.4.2　直近のデータを重点的に見る〜指数平滑化法

■ 加重移動平均

　移動平均は過去のデータを使用したものであり、古いデータなので役に立たないと感じることもあるでしょう。最近のデータは参考にしたいところですが、時間が経過するほど価値がなくなるかもしれません。

　そこで、直近のデータを重視することを考えます。最近のデータをメインに使う一方で、過去のデータも少し加味する、という考え方を**加重移動平均**といいます。例えば、3日間の移動平均を作成するときに、前日のデータは3倍、前々日のデータは2倍、その前は1倍、と計算し、全体を 6（＝ 3 + 2 + 1）で割ります。

　ここでは、前節の気温データで作成した30日間での移動平均に対して、30日間での加重移動平均を計算してみます。

　Python では、NumPy の convolve を使ってみましょう。通常の移動平均は30日間なので30で割った値を掛け合わせた数を、加重移動平均では 30, 29, 28, ..., 1 という30個の数を1から30までの和で割り算した値を使います。1から30までの和は初項1、公差1、項数 30 の等差数列の和で求められるので、$\frac{1}{2} \times 30 \times 31 = 15 \times 31$ と計算できます。

　そこで、次のようなプログラムを実装します。

```Python
import pandas as pd
import numpy as np
import matplotlib.pyplot as plt
```

```python
temperature = pd.read_csv('data/temperature.csv')
temperature.head()

ma = np.convolve(
    temperature['平均気温(℃)'],
    [1/30] * 30
)
wma = np.convolve(
    temperature['平均気温(℃)'],
    [(30 - i) / (15 * 31) for i in range(30)]
)

fig = plt.figure(figsize=(12, 7))
ax = fig.add_subplot(1, 1, 1)
ax.plot(temperature['平均気温(℃)'], label='original')
ax.plot(ma, label='moving average')
ax.plot(wma, label='weighted moving average')
plt.legend()
plt.show()
```

　出力された**図3.43**のグラフを見ると、加重平均の方が移動平均より変化に早く追随していることがわかります。この加重する度合いを変えることで、どの程度変化に追随するかを調整できます。これにより、トレンドの変化に早く気づける可能性が高まります。

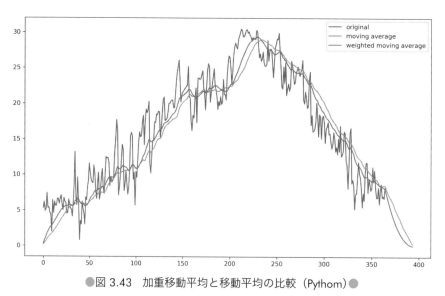

●図3.43　加重移動平均と移動平均の比較（Python）●

■指数平滑化法

　加重移動平均を使うと、最近のデータを強く反映できますが、他にも新しいデータに注目する方法があります。例えば、**指数平滑化法**は、直前の予測値と実績値の差を使って、次の予測に反映する方法です。

　右肩上がりで増えていくと予測していたものが前回は予測を下回った、という場合、次回も予測を下回ることが想定されます。このような場合、前回の実績値が予測値からどれだけ外れたかを計算し、それに一定の係数を掛けて修正します。

　例えば、単純な計算方法として、次の式があります。

$$予測値 = \alpha \times 前回実績値 + (1 - \alpha) \times 前回予測値$$
$$= 前回予測値 + \alpha \times (前回実績値 - 前回予測値)$$

　この場合、必要なのは前回の予測値と実績値だけなので、簡単に計算できることも特徴です。α は**平滑定数**と呼ばれ、$0 < \alpha < 1$ の範囲で設定することで、過去の値をどれくらい重視するかを表します。

　例えば、α が1に近いと前回の実績値を重視し、α が0に近いと前回の予測値を重視（つまり過去の経過を重視）します。

　Python では pandas の ewm 関数を使います。ここでは、$\alpha = 0.1$ で試しています（**図3.44**）。

```Python
import pandas as pd
import numpy as np
import matplotlib.pyplot as plt

temperature = pd.read_csv('data/temperature.csv')
wma = np.convolve(temperature['平均気温(℃)'],
[(30 - i) / (15 * 31) for i in range(30)])
ew = temperature['平均気温(℃)'].ewm(alpha=0.1).mean()

fig = plt.figure(figsize=(12, 7))
ax = fig.add_subplot(1, 1, 1)
ax.plot(temperature['平均気温(℃)'], label='original')
ax.plot(wma, label='weighted moving average')
ax.plot(ew, label='ew')
plt.legend()
plt.show()
```

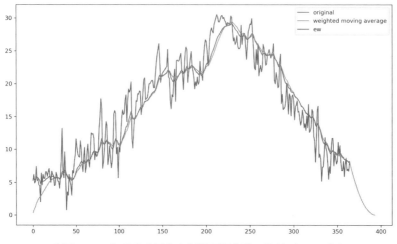

●図 3.44　加重移動平均と指数平滑化法の比較（Python）●

3.4.3　周期的なものを調べる

　気温は毎年季節ごとに似たような変化を繰り返しますが、同じような事例は他にもあります。

　ここでは、「サービス産業動向調査」のデータを使ってみましょう。このデータでは、業種別の売上や従事者数を毎月集計されています。e-Stat のトップページで「サービス産業動向調査」を検索し、一覧から「サービス産業動向調査」を選択、「データベース」から「月次調査」の中にある「事業活動の産業（中分類）別売上高【2013 年 1 月〜】」の DB を開くと、調べたい業種や期間を選択できます。

　この売上を折れ線グラフで描いてみましょう。

```Python
!pip install japanize-matplotlib

import pandas as pd
import matplotlib.pyplot as plt
import japanize_matplotlib

from pandas.plotting import register_matplotlib_converters
register_matplotlib_converters()

service = pd.read_csv('data/service.csv', encoding='shift_jis')
```

```python
fig = plt.figure(figsize=(10, 10))

plt.subplots_adjust(hspace=1)

months = pd.to_datetime(
    service['時間軸(月・四半期・年)'],
    format='%Y年%m月'
)

industry = [
    '39情報サービス業',
    '40インターネット附随サービス業',
    '68不動産取引業',
    '75宿泊業',
    '76飲食店'
]
for i in range(len(industry)):
    ax = fig.add_subplot(5, 1, i + 1)
    ax.plot(months, pd.Series(service[industry[i]], dtype='int'))
    ax.set_title(industry[i])

plt.show()
```

図 3.45 を見ると、情報サービス業だと、3 月が極端に多く、次に 9 月が多い、という
波を繰り返しているように見えます。一方、インターネット附随サービス業ではそれほど
大きな傾向はみられません。

不動産取引業では 3 月が圧倒的に多い、宿泊業では 8 月が多く、飲食店では 12 月が多い、
というのは直感と一致しているでしょうか。また、宿泊業と飲食店は 2020 年に新型コロナ
ウイルス感染症の影響を大きく受けていますが、その他には影響がないこともわかります。

このように、同じような動きを周期的に繰り返すデータは少なくありません。このよう
な場合は、横に並べるよりも、1 月から 12 月で区切って比較するのも 1 つの方法です。

例えば、2013 年から 2020 年のデータを 1 月から 12 月まで並べてみましょう。

`Python`

```python
fig = plt.figure(figsize=(15, 10))

industry = [
    '39情報サービス業',
```

```
        '40インターネット附随サービス業',
        '68不動産取引業',
        '75宿泊業',
        '76飲食店'
]
for i in range(len(industry)):
    ax = fig.add_subplot(3, 2, i + 1)
    for year in range(2013, 2021):
        # データから年を抽出
        y = service['時間軸(月・四半期・年)'].str[:4]
        # その年のデータだけを抽出
        this_year = service[y == str(year)]
        ax.plot(
            pd.to_datetime(
                this_year['時間軸(月・四半期・年)'],
                format='%Y年%m月'
            ).dt.month,
            pd.Series(this_year[industry[i]], dtype='int'),
            label=str(year)
        )
    ax.legend()
    ax.set_title(industry[i])
plt.show()
```

図 **3.46** を見ると、周期的な変化があることがよくわかります。

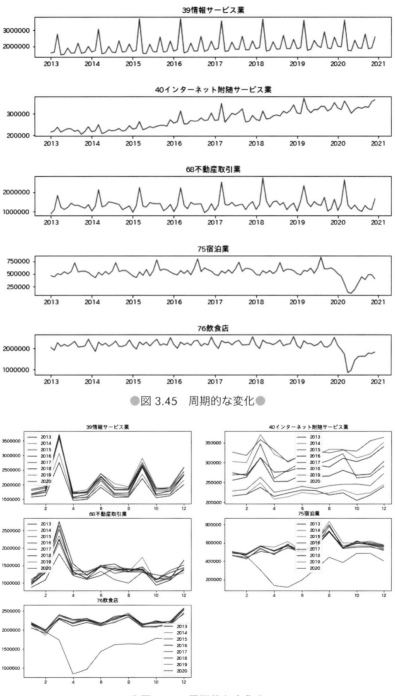

●図 3.45　周期的な変化●

●図 3.46　周期的な変化●

Column　損益分岐点

　ビジネスで予測が求められる例として、固定費や変動費の計算が挙げられます。製造業の例で考えると、固定費は家賃や従業員の給料、変動費は材料費や送料などが考えられます。つまり、何か作っても作らなくてもかかる費用が固定費、製品を作れば作るだけかかる費用が変動費です。

　例えば、1ヶ月の固定費が 100 万円、1 個作るのにかかる変動費が 1000 円だったとします。この場合、x 個作るのにかかる費用は $y = 1000x + 1000000$ で計算できます（**図 3.47**）。

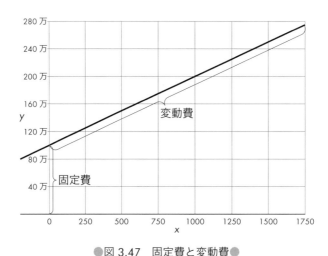

●図 3.47　固定費と変動費●

　ここで、先月の費用が 200 万円だった場合、いくつ製品を作ったかを調べるには方程式を使います。つまり、$2000000 = 1000x + 1000000$ という式を解けばいいのです。

■連立方程式で損益分岐点を求める

　関数が 1 つであれば、x か y の値を決めればもう一方が決まります。これも重要ですが、関数が 2 つあり、両方を満たすものを求めたい場合もあります。

　例えば、固定費と変動費を考えるときによく話題に上がるのが**損益分岐点**です。これは、費用（固定費＋変動費）と売上高が均衡して、ちょうど損益がゼロになる点のことです。売上高は販売数が増えるにつれて増加します。

　グラフで表現すると、**図 3.48** のようになり、損益分岐点を越えて売れた場合には黒字に、損益分岐点に届かない場合は赤字です。損益分岐点を理解しておかないと、利益の見込みが立てられないといえます。

　損益分岐点の販売数を計算で求めるには、グラフの交点を求めます。売上高は「販売単

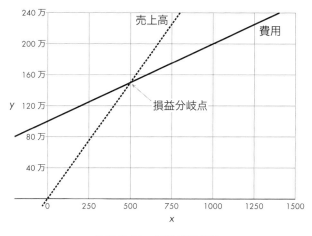

●図 3.48　損益分岐点●

価×販売数」、費用は「固定費+変動費」で計算できます。変動費は「1 個あたりの変動費
×販売数」です。

　仮に、販売単価が 3000 円、1 ヶ月の固定費が 100 万円、1 個作るのにかかる変動費が 1000
円、販売個数を x、金額を y とします。売上高は $y = 3000x$、費用は $y = 1000x + 1000000$
と表されるので、次の式を満たす点を求めます。

$$\begin{cases} y = 3000x \\ y = 1000x + 1000000 \end{cases}$$

　このように複数の方程式を両方満たす x と y を求める式を連立方程式といいます。この
場合、左辺がともに y で等しいため、次の手順で計算できます。

$$3000x = 1000x + 1000000$$
$$2000x = 1000000$$
$$x = 500$$

　この x を連立方程式のいずれかの式に代入すると、y を求められます。

第4章

確率の基本と推定を
知る

確率 [4.1]

4.1.1　無作為に選ぶ〜母集団と標本

■ 母集団

　手元にあるデータで分析するとき、そのデータはもとのデータから抽出されたほんの一部であることが一般的です。つまり、全体を考えるとより多くのデータが存在しますが、その中の一部だけを使って分析しようとしている状況です。この全体のことを**母集団**といい、一部のことを**標本**といいます。第2章で紹介した例で考えると、製造した乾電池や蛍光灯の全体が母集団、そのうち検査に使ったものが標本です。同様に、選挙の場合は投票した人が母集団、出口調査で回答した人が標本です。

　このように、母集団の一部（標本）を使って、母集団の情報（平均や分散）を推測することを**推測統計学**といいました（**図 4.1**）。

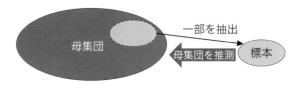

●図 4.1　【再掲】推測統計学●

　このときに取り出す標本の数のことを**標本の大きさ**や**サンプルサイズ**といいます。

　ここで、母集団の平均を**母平均**、分散を**母分散**といい、標本の平均を**標本平均**、分散を**標本分散**といいます。

■標本の抽出方法〜乱数

母集団から標本を取り出すとき、その選び方は重要です。例えば、全国の中学生から身長などのデータを集めたとき、それがどのように分布しているか知りたい場面を考えてみましょう。同い年の友達を集めるだけでは、同じ学年の生徒しかいませんし、同性だけかもしれないため、データに偏りがあります。もちろん、趣味や興味が近い、部活が同じ、成績が近いなど、極端に偏った人が集まってしまう可能性があるのです。

そこで、できるだけ偏りをなくす方法を**無作為抽出**や**ランダムサンプリング**といいます。名前の通り、「作為的でない」ことが重要で、できるだけバラバラな（多様性のある）データを選ぶ必要があります。

バラバラなデータが現れる例として、サイコロやコイン投げがよく使われます。サイコロを振ると1から6までの目がバラバラに出ますし、コイン投げなら表と裏がバランスよく出ます。

コンピュータで処理するためには、ランダムな値（**乱数**）を擬似的に発生させる方法が使われます。このようにして作ったランダムな値を**擬似乱数**といいます。

Pythonで乱数を発生させるには、NumPyの `ramdom.choice` という関数を使うと便利です。例えば、サイコロの場合、次の処理を実行すると、1から6の目の中から10個の標本を作成できます。

```Python
import numpy as np

dice = [1, 2, 3, 4, 5, 6]
np.random.choice(dice, 10)
```

```
array([4, 3, 4, 3, 2, 6, 5, 2, 1, 6])
```

Rでは `runif` という関数を使います。

```R
as.integer(runif(10, min=1, max=7))
```

```
4 6 1 4 3 2 2 1 5 6
```

なお、これらは実行するたびに結果が変わりますし、著者の実行結果と読者の実行結果も異なります。もし結果を固定したい場合は、シード（種）を指定する方法があります。

例えば、PythonのNumPyの場合は、`numpy.random.seed` という関数で指定します。こ

こでは、シードとして0を指定し、1から6の値を100個抽出してみて、その分布を調べてみましょう（**図4.2**）。

```Python
import numpy as np
import matplotlib.pyplot as plt


np.random.seed(0)
dice = [1, 2, 3, 4, 5, 6]
rand = np.random.choice(dice, 100)


plt.hist(rand)
```

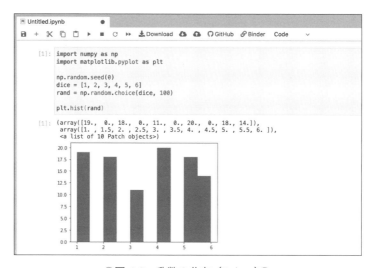

●図 4.2　乱数の分布（Python）●

Rでは set.seed という関数で指定します。

```R
set.seed(0)
as.integer(runif(10, min=1, max=7))
```

```
6 2 3 4 6 2 6 6 4 4
```

　このようにシードを指定しておくと、何度実行しても同じ値が発生するため、分布が変わらないことを確認できます。それぞれの目が均等には出ていませんが、実際のサイコロでも同じようになるでしょう。100回、1000回、10000回というように量を増やすことで、

それぞれの目が出る回数が徐々に均等に近づきます。

■ 正規分布に従う乱数

　上記ではそれぞれの値が同じくらいの頻度で発生しました。このような分布を**一様分布**といいます。バラバラな値を出すためには一様分布も便利なのですが、私たちの身の回りで起こる分布では正規分布が多いことはこれまでに解説した通りです。そこで、正規分布のような分布で乱数を発生させてみましょう。図2.14のように乱数が分布することを正規分布に従うといい、平均の近くのデータが多く、そこから離れるほど少なくなるようにデータが生成されます。

　PythonではNumPyのrandom.normalという関数を使います。次のソースコードを実行すると、平均0、標準偏差1の標準正規分布に従う乱数を100個生成できます。

```Python
import numpy as np

np.random.normal(0, 1, 100)
```

```
array([-1.19275359e+00, -3.27304163e-01,  3.80379402e-01,
        4.48847988e-01,  1.57602063e+00,  1.43326847e-01,
       -2.28430428e+00, -1.73693826e-01,  5.31061069e-01,
        5.19917381e-01, -1.80898852e-02, -1.93557801e-01,
        1.15884387e+00,  1.09151986e+00, -3.79638550e-01,
        〜中略〜
       -1.10688149e-03, -3.96149094e-01,  1.32476508e+00,
       -4.71170532e-01, -1.70948039e+00, -9.71794562e-02,
        7.32601702e-02])
```

　Rではrnorm関数を使います。

```R
rnorm(100)
```

```
-0.689929975196783 0.664013572805927 -1.17147118515306
1.38439028469862 0.467988360515413 0.830506803211077
1.45201562179397 -0.0795584588835374 0.255773596218219
-0.242838425660137 1.63396929570296 1.2598227446195
1.09012743021272 0.461373418057526 -1.65307562148707
〜中略〜
```

```
-0.765392937584239 1.23448332874657 -0.747032730935225
0.428710551108482 0.492243427944357 -1.25326352090949
0.470895526577279
```

　他にも、さまざまな分布に対する乱数を生成する関数が用意されていますので、調べてみてください。

4.1.2　確からしさを調べる〜確率と期待値

■統計的確率と数学的確率

　乱数を使ってバラバラの値を出せましたので、ヒストグラムではなく度数分布を集計してみましょう。先ほどのサイコロの例の場合、次のような度数分布表を作成できます（**表4.1**）。

●表 4.1　100 回サイコロを振ったときに出た目の回数●

出た目	1	2	3	4	5	6	合計
回数	19	18	11	20	18	14	100

　さらに、回数ではなく、全体に占める割合を計算してみましょう（**表4.2**）。

●表 4.2　100 回サイコロを振ったときに出た目の割合●

出た目	1	2	3	4	5	6	合計
割合	0.19	0.18	0.11	0.20	0.18	0.14	1

　表 4.2 を見ると、割合は 0 から 1 の間の値になり、その値を合計すると 1 になることもわかります。「1」が出た割合、「2」が出た割合、というように、何度も試してみて出た目の割合を統計的に（実際に観測された出現頻度をもとに）考えることから、このような方法を**統計的確率**といいます。

　毎回このような統計的な手法を使うのは面倒なので、一般的には数学的に計算します。これを**数学的確率**といい、一般に**確率**といった場合にはこの数学的確率を意味します。

　例えば、サイコロを振った場合、どの目も同じくらい登場するため、それぞれの目が出る確率は $\frac{1}{6}$ と計算できます。この「サイコロを振る」ように何度も繰り返せる実験などを**試行**といい、同じくらい登場することを**同様に確からしい**といいます。つまり、起こりうる場合の数（サイコロで出る目）が 6 通りで、いずれも同様に確からしいとすると、それぞれの目が出るのは 1 通りなので確率が計算で求められるのです。

この「出た目」のように、試行によって起こりうるものを**事象**といい、事象に割り当てた値のことを**確率変数**といいます。この確率変数と確率を整理したものが、**表 4.3** です。

●表 4.3　サイコロを振ったときの確率●

確率変数	1	2	3	4	5	6	合計
確率	$\frac{1}{6}$	$\frac{1}{6}$	$\frac{1}{6}$	$\frac{1}{6}$	$\frac{1}{6}$	$\frac{1}{6}$	1

一般に、確率変数を X、確率を $P(X)$ と表現します[*1]。

■期待値

何度もサイコロを振ったとき、平均してどのような値が出るのか計算してみましょう。直感的には、1, 2, 3, 4, 5, 6 の平均なので、3.5 だと考えられます。サイコロの場合は、いずれの目も同じ確率で出るので単純に計算できそうですが、それぞれの目が出る確率が違う場合もあります。

このようなときに求める平均のことを**期待値**といい、$E(X)$ と書きます[*2]。期待値は「確率変数と確率を掛けた値の和」で求められるので、**表 4.4** のような分布の場合、期待値 $E(X)$ は次の式で求められます。

$$E(X) = \sum_{k=1}^{n} x_k p_k$$

●表 4.4　確率の分布●

確率変数 X	x_1	x_2	x_3	$\cdots$	x_{n-1}	x_n	合計
確率 $P(X)$	p_1	p_2	p_3	$\cdots$	p_{n-1}	p_n	1

例えば、サイコロの場合は、次のように計算できます。

$$1 \times \frac{1}{6} + 2 \times \frac{1}{6} + 3 \times \frac{1}{6} + 4 \times \frac{1}{6} + 5 \times \frac{1}{6} + 6 \times \frac{1}{6} = \frac{21}{6} = 3.5$$

つまり、サイコロを振ったときに出る目の値として「3.5 が期待できる」ということです。ただし、実際に「3.5」という値がサイコロの目として出るわけではありません。あくまでも平均として、このような値になることを意味しています。

期待値は、ビジネスなどあらゆる場面で活用できます。例えば、宝くじを買ってどれく

---

*1　確率を表す英語（probability）の頭文字 P をよく使います。
*2　期待値を意味する英語（expected value）の頭文字である E をよく使います。

らいの金額が当たるのかを考えてみましょう。1 等の賞金が 10 万円で 1 本、2 等の賞金が 1 万円で 9 本、それ以外がハズレで 990 本だとします。

1 等が当たる確率は $\dfrac{1}{1000}$、2 等が当たる確率は $\dfrac{9}{1000}$、ハズレが出る確率は $\dfrac{990}{1000}$ なので、当たる金額の期待値は 10 万円 $\times \dfrac{1}{1000} + 1$ 万円 $\times \dfrac{9}{1000} + 0$ 円 $\times \dfrac{990}{1000} = 190$ 円 と計算できます（**表 4.5**）。

●表 4.5　宝くじの確率●

等級	1 等	2 等	ハズレ
当選金額	10 万円	1 万円	0 円
確率	$\dfrac{1}{1000}$	$\dfrac{9}{1000}$	$\dfrac{990}{1000}$

このように、確率がバラバラであっても、その平均を計算できることが期待値の特徴です。

Python で期待値を計算するには、sum 関数を使ってみましょう。確率変数と確率を掛け合わせるために、zip 関数を使っています。zip 関数は、複数のリストを同時に動かしながらループできる関数で、指定した引数のリストを順に 1 つずつ取り出してくれます。

```Python
data = [
    [100000, 10000, 0],
    [0.001, 0.009, 0.99]
]

sum([x_k * p_k for [x_k, p_k] in zip(data[0], data[1])])
```

```
190.0
```

R でも同様に、掛け算した結果に対して sum 関数で合計します。

```R
data <- data.frame(
    x = c(100000, 10000, 0),
    p = c(0.001, 0.009, 0.99)
)

sum(data$x * data$p)
```

```
190
```

■分散

　期待値は平均を表しているので、第 2 章で解説した分散についても考えてみましょう。「2.3.1 分布のばらつきとは」では、平均との差を 2 乗した値を求め、その平均を分散と呼びました。

　確率の場合は、前述の期待値と同様に、平均との差の 2 乗に確率を掛け算します。表 4.4 のような確率変数と確率の表が与えられたとき、分散を $V(X)$ とすると次の式で求められます。

$$V(X) = \sum_{k=1}^{n} (x_k - E(X))^2 \, p_k$$

上記のサイコロの場合、分散は次のように計算できます。

$$
\begin{aligned}
V(X) &= \frac{(1-3.5)^2}{6} + \frac{(2-3.5)^2}{6} + \frac{(3-3.5)^2}{6} + \\
&\quad \frac{(4-3.5)^2}{6} + \frac{(5-3.5)^2}{6} + \frac{(6-3.5)^2}{6} \\
&= \frac{1}{6} (6.25 + 2.25 + 0.25 + 0.25 + 2.25 + 6.25) \\
&= \frac{35}{12} = 2.916 \cdots
\end{aligned}
$$

Python で計算してみましょう。

```Python
dice = [
    [1, 2, 3, 4, 5, 6],
    [1/6, 1/6, 1/6, 1/6, 1/6, 1/6]
]

mean = sum([x_k * p_k for [x_k, p_k] in zip(dice[0], dice[1])])
sum([(x_k - mean) ** 2 * p_k for [x_k, p_k] in zip(dice[0], dice[1])])
```

```
2.9166666666666665
```

R でも同様に計算できます。

```R
dice = data.frame(
    x = c(1, 2, 3, 4, 5, 6),
    p = c(1/6, 1/6, 1/6, 1/6, 1/6, 1/6)
)
```

```
mean = sum(dice$x * dice$p)
sum((dice$x - mean) ** 2 * dice$p)
```

```
2.91666666666667
```

4.1.3　繰り返すと収束する～中心極限定理と大数の法則

　期待値や分散は確率分布がわかれば簡単に求められることがわかりましたが、実際には分布がどんな形になっているのかわからないこともあります。このような場合、大量のデータを無作為に選んで分布を調べるのは大変です。

　しかし、標本平均の分布を調べたい場合には、便利な定理があります。それは、使う標本の数 n が十分に大きい場合、母集団から n 個の標本を繰り返し取り出すと、その標本平均と母平均との誤差の分布が、母集団の分布に関わらず近似的に正規分布に近づくことです。これを**中心極限定理**といいます。

　実際に Python で試してみましょう。ここでは、ある店の売上データを考えます。1 時間ごとの売上データが 365 日分、営業時間が 8 時間だとして、$365 \times 8 = 2920$ 個のデータをランダムな値として作っておきましょう。その中から、100 個のデータを標本として取り出し、その平均を求める作業を 100 回行います。

Python

```python
import numpy as np
import matplotlib.pyplot as plt

# 売上データを乱数で作成
daily = [i for i in range(1, 100)]
sales = np.random.choice(daily, 365 * 8)

# 母平均を計算
mu = np.mean(sales)

# 標本として 100 個取り出すことを 100 回繰り返し、平均をリストにする
x_bar = []
for i in range(100):
    sample = np.random.choice(sales, 100)
    x_bar.append(np.mean(sample))
```

```
# 母平均との誤差を調べる
diff = [i - mu for i in x_bar]

# 分布をグラフで表現する
plt.hist(diff)
```

　図 4.3 を見ると、確かに正規分布に近い分布になっていることがわかります。実際、標本の数を増やせばより近づきます。

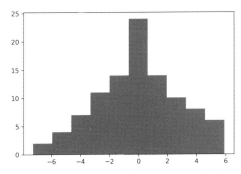

●図 4.3　中心極限定理を Python で試す●

　ただし、もとの分布がどんな形でも標本平均の分布が正規分布に近づくことがわかっても、母平均がわからないと意味がないと思うかもしれません。ここでもう 1 つ重要な法則があり、それを**大数の法則**といいます。

　これは、標本の数 n を大きくすると、標本平均が母平均に近づく、ということです。サイコロの例では、100 回、1000 回、10000 回と繰り返すことで、それぞれの目が出る確率が $\frac{1}{6}$ に近づくと説明しましたが、これも大数の法則によるものです。

　例えば、100 個のデータがある母集団から、ランダムに 10 個の標本を取り出すことを考えます。これを 3 回繰り返して別々の標本を取り出したとき、それぞれの標本平均は異なります。多くの場合、これらは母平均とも異なるでしょう。

　しかし、ある学校で中学 2 年生の平均身長を求めると、全国の中学 2 年生の平均身長と近い値が得られるでしょう。数人のデータだけでは誤差が大きくても、ある程度の人数を集めると、人数が増えるほどその精度が高まっていくと予想できます。つまり、データが少ない場合は誤差が大きくても、ある程度の量になると精度が高まっていくと予想できます。

[4.2]

関数で分布を表現する
～確率密度関数

4.2.1 連続型の確率変数

■ 離散型と連続型

サイコロの目では、出る目が 1 から 6 の整数でした。つまり、1.5 や 3.2 といった小数が出ることはありません。このように確率変数として飛び飛びの値を取るものを**離散型の確率変数**といいます。

一方で、身長や体重といった数の場合、連続した値を取ります。このように確率変数として連続した値を取るものを**連続型の確率変数**といいます。

離散型でも連続型でも確率の考え方に違いはありませんが、計算方法が少し異なります。例えば、離散型で期待値を求める場合、確率変数と確率を掛け算して足し合わせました。しかし、連続型では身長が 170.1 cm、170.2 cm、と調べていくと、それぞれの値にぴったり当てはまる人はそれほど多くありません。そこで、連続型の確率変数では身長が「170 cm ～ 175 cm」のように範囲を指定して、その区間に入る確率を求めます。つまり、$a \leqq X \leqq b$ という範囲内に入る確率を考えることで計算します。

■ 確率密度関数

連続型の分布での確率は区間で考えますが、実際には関数で表現する方法が使われ、これを**確率密度関数**といいます。また、単に**密度関数**と呼ぶこともあります。例えば、これまでに登場した正規分布は連続型の確率変数で、正規分布のグラフは確率密度関数のグラフです。

連続型の分布における確率は、確率変数がある範囲に含まれることで考えられるので、次のように範囲を指定した確率密度関数の積分の値として表現されます[3]。

---

[3] 積分について、詳しくは巻末の付録を参照してください。

$$P(a \leqq X \leqq b) = \int_a^b f(x)\ dx$$

この式が表すのは、**図 4.4** のような関数 $f(x)$ と x 軸 で囲まれた部分を、$a \leqq X \leqq b$ で絞り込んだ範囲の面積だと考えられます。つまり、確率密度関数の値（グラフの高さ）が確率を表すのではなく、ある区間でのグラフ下の面積が確率を表していることに注意してください。

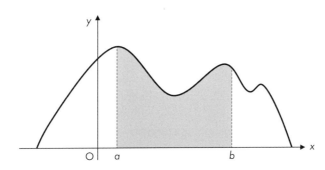

●図 4.4　確率密度関数における面積●

なお、積分についてはすべてプログラムで計算できますので、複雑な計算を手作業で行う必要はありません。

■ Python で確率密度関数から確率を計算する

ここでは簡単な関数を使って、プログラムで確率を求めることを考えます。例えば、次の関数を使ってみましょう。

$$\begin{cases} y = 0 & (x < 0) \\ y = x & (0 \leqq x < 1) \\ y = -x + 2 & (1 \leqq x < 2) \\ y = 0 & (2 \leqq x) \end{cases}$$

グラフを描くと、**図 4.5** のようになります。

ここで注意が必要なのは、この関数で囲まれる範囲の面積が確率の性質を満たすことです。つまり、確率は正の数であること、そして全体の面積が 1 になることを満たす関数でなければなりません。

数式で表現すると、次の 2 つを満たす必要があります。

$$f(x) \geqq 0$$

$$\int_{-\infty}^{\infty} f(x) \, dx = 1$$

図 4.5 の場合、いずれの x に対しても常に 0 以上の値が得られます。また、三角形の面積を考えると、底辺が 2、高さ 1 なので、$2 \times 1 \div 2 = 1$ となり、合計は 1 です。

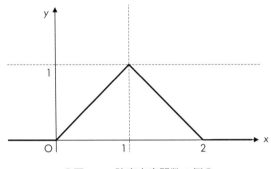

●図 4.5　確率密度関数の例●

Python では、次のように関数を定義できます。

```Python
def f(x):
    if x < 0:
        return 0
    elif x < 1:
        return x
    elif x < 2:
        return - x + 2
    else:
        return 0
```

そして、Scipy を使うことで、次のように区間を指定して積分できます。

```Python
from scipy import integrate

integrate.quad(f, 0.5, 1.5)
```

```
(0.75, 8.326672684688674e-15)
```

1 つ目の値が積分した結果です。今回は 0.5 から 1.5 の範囲の確率を求めており、結果は 0.75 という値でした。

Rでも関数を定義して、確率を求めてみましょう。

```R
f <- function (x) {
    ifelse(x < 0,
        0,
        ifelse(x < 1,
            x,
            ifelse(x < 2,
                -x + 2,
                0
            )
        )
    )
}

integrate(f, 0.5, 1.5)
```

```
0.75 with absolute error < 8.3e-15
```

なお、R では if を使って次のように書く方が読みやすいと感じるかもしれません。実際に、次の関数に対して $x = 0.5$ などを指定すると、正しい結果が取得できます。

```R
g <- function (x) {
    if (x < 0) {
        0
    } else if (x < 1) {
        x
    } else if (x < 2) {
        -x + 2
    } else {
        0
    }
}

g(0.5)
```

```
0.5
```

しかし、この関数を使って積分を計算すると警告が出され、正しい結果を返しません。

この関数がベクトルを引数として処理できるようになっていないからです。

例えば、次のように引数としてベクトルを渡すと、関数 f(x) は対応するベクトルを返しますが、関数 g(x) では警告が出ます。

```R
f(c(0, 0.5, 1, 1.5, 2))
g(c(0, 0.5, 1, 1.5, 2)) # 警告が出る
```

```
0 0.5 1 0.5 0
Warning message in if (x < 0) {:
"the condition has length > 1 and only the first element will be used"
Warning message in if (x < 1) {:
"the condition has length > 1 and only the first element will be used"
0 0.5 1 1.5 2
```

このように、R で関数を作るときにはベクトルを処理できるかも含めて考える必要があります。

なお、$-\infty$ から ∞ までの区間で求めれば、その合計は 1 です。無限を表現するとき、NumPy では np.inf という値が使えます。

```Python
import numpy as np
from scipy import integrate

integrate.quad(f, -np.inf, np.inf)
```

```
(1.0000000000000009, 1.4494627720296194e-10)
```

R では無限を表現するために Inf という値を使います。

```R
integrate(f, -Inf, Inf)
```

```
1 with absolute error < 9.2e-05
```

この結果はリストで表現されています。リストは、第1章（図1.8）で紹介したように、異なる構造のデータを1つにまとめたものです。今回の結果の中から欲しい値を取得するには、このリストの value という要素にアクセスします。

```
integrate(f, -Inf, Inf)$value
```

```
0.999999999860823
```

4.2.2　累積分布関数

■分布関数

　確率変数 X が x 以下になるときの確率を表す関数 $F(x)$ のことを**累積分布関数**または単に**分布関数**といいます。

$$F(x) = P(X \leqq x) = \int_{-\infty}^{x} f(t) \ dt$$

　「累積」という名前の通り、それまでの確率をすべて足し算するため、この累積分布関数は必ず単調増加関数になります。そして、x が大きくなると、1 に近づきます。例えば、前述の図 4.5 の関数の場合は、**図 4.6** のようなグラフが得られます。

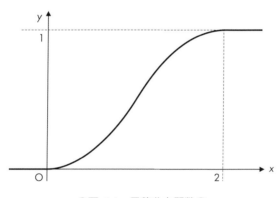

●図 4.6　累積分布関数●

　先ほどの確率密度関数を使って、累積分布関数を実装すると、次のように書けます。そして、この関数を使うと、範囲内の確率を求めることもできます。ここでは、$0.5 \leqq x \leqq 1.5$ の範囲の確率を求めています。

```python
def F(x):
    return integrate.quad(f, -np.inf, x)[0]
```

```
F(1.5) - F(0.5)
```

```
0.750000000001469
```

Rでも同様に実装できます。

```R
F <- function (x){
    integrate(f, -Inf, x)$value
}

F(1.5) - F(0.5)
```

```
0.749999745119978
```

■ 連続型の確率変数での期待値

累積分布関数で合計も計算できたので、期待値（＝平均）を求めることを考えましょう。離散型の確率変数の場合、期待値は確率変数と確率を掛けて求められました。

連続型の確率変数でも同様に計算します。ただし、上記と同じように積分して求めるため、次の式で表されます。

$$E(X) = \int_{-\infty}^{\infty} x \, f(x) \, dx$$

これをプログラムで計算するには、$x \, f(x)$ の部分を求める関数を作り、その積分を計算すると、期待値が1であることがわかります。

```Python
def calc(x):
    return x * f(x)

integrate.quad(calc, -np.inf, np.inf)
```

```
(1.0000000000000033, 7.011253799760198e-10)
```

Rでも同様のプログラムで計算できます。

```r
calc <- function (x) {
    x * f(x)
}

integrate(calc, -Inf, Inf)$value
```

```
0.999999999328391
```

■ 連続型の確率変数での分散

期待値と同様に、分散についても積分して求めます。

$$V(X) = \int_{-\infty}^{\infty} (x - E(X))^2 \ f(x) \ dx$$

この積分の中を計算する関数を作成し、積分します。

Python
```python
ex = integrate.quad(calc, -np.inf, np.inf)[0]

def diff(x):
    return (x - ex) ** 2 * f(x)

integrate.quad(diff, -np.inf, np.inf)
```

```
(0.16666666666665894, 1.5226069571827594e-09)
```

R でも同様に実装できます。

```r
ex <- integrate(calc, -Inf, Inf)$value

diff <- function (x) {
    (x - ex) ** 2 * f(x)
}
integrate(diff, -Inf, Inf)$value
```

```
0.166667084321895
```

[4.3]
推定する
～信頼区間

4.3.1　推定の精度を考える

■点推定

　第 2 章では平均や分散などの求め方を解説し、この章では乱数を用いた標本の取り出し方や確率、期待値、分散などについて紹介してきました。ただし、ここまでに扱ってきたものはあくまでも標本に対する分析です。

　実際に欲しいのは、母集団がどのような平均や分散になっているか、ということでしょう。取り出した標本から、母集団を推測できてはじめて役に立ちます。

　標本平均のような代表値は、データを「1 つの点」で表したものです。もちろん、大数の法則により、標本平均が母平均に近づく状況はあります。しかし、標本平均から母平均を 1 つの値で推定することは、母平均を 1 つの点だけで決めることを意味します。

　このように、「標本数を十分大きくしていくと、母平均と標本平均は近づく」と考え、求めた標本平均を母平均とみなす、という考え方を**点推定**といいます。

■母平均の区間推定

　点推定はわかりやすい方法ですが、母平均をピンポイントで推定するのは難しいものです。そこで、「一定の範囲内に母平均がある」というように、ある区間で推定することを考え、これを**区間推定**といいます。

　よく使われるのは「95%の確率でその範囲内に収まる」ような範囲を求める方法です。もっと正確には、標本を取り出して区間を推定する作業を 100 回実施したとき、95 回は母平均がその区間に収まっている、という意味で 95%の信頼性がある範囲を求めます。これを「95%信頼区間」といいます。

ここで、**図 4.7** のような分布を考えます。これは正規分布で、平均が 0、分散が 1 の場合です。この分布を特に**標準正規分布**といいます。全体の 95% を平均の近くで占めることを考えると、両側から 2.5% ずつ取り除いた領域に 95% のデータがあると考えられます。

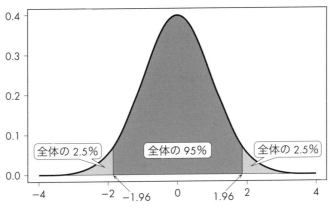

●図 4.7　標準正規分布の両側 5%点●

　この点を両側 5%点（片側 2.5%点）といい、このような点を**パーセント点**といいます。有名なパーセント点として、**表 4.6** のように標準正規分布における値が計算されています。

●表 4.6　標準正規分布のパーセント点●

両側	片側	パーセント点
1%点	0.5%点	2.58
5%点	2.5%点	1.96
10%点	5%点	1.64

　Python では、さまざまな分布に対応する関数が用意されています。例えば、標準正規分布の場合、scipy.stats.norm というモジュールがあります。同様に、F 分布の場合は scipy.stats.f、t 分布の場合は scipy.stats.t というモジュールがあります。

　これらを使うには、先頭で次のようにインポートしておくと便利です。

`Python`

```
from scipy.stats import norm
```

　標準正規分布で 1.64 という点までが占める割合を求めるには、インポートした中にある「scipy.stats.norm.cdf」という関数を使います[4]。

---

*4　累積分布関数を意味する英語（cumulative distribution function）の略です。

```Python
from scipy.stats import norm

norm.cdf(1.64)
```

```
0.9494974165258963
```

これを見ると、約 95% であることがわかります。

逆に、正規分布のパーセント点を求めるには、`scipy.stats.norm.ppf` という関数が使えます[*5]。片側 5% 点を求める場合は、次の処理を実行すると、欲しい値「1.64」を求められます。

```Python
from scipy.stats import norm

norm.ppf(0.95)
```

```
1.6448536269514722
```

R では、特にパッケージなどを使うことなく、標準正規分布のパーセント点を計算できます。

```R
pnorm(1.64)
```

```
0.949497416525896
```

```R
qnorm(0.95)
```

```
1.64485362695147
```

また、確率密度関数におけるある点の値（y 座標）を求めるには、Python では `norm.pdf`[*6] を、R では `dnorm` 関数を使います。

---

*5　パーセント点関数を意味する英語（percent point function）の略です。
*6　確率密度関数を意味する英語（probability density function）の略です。

```Python
from scipy.stats import norm

norm.pdf(1.64)
```

```
0.10396109532876424
```

```R
dnorm(1.64)
```

```
0.103961095328764
```

■ 推定する幅を決める

中心極限定理は（正規分布でない確率分布においても）母平均と標本平均の差の分布が正規分布に近づくと書きましたが（「4.1.3 繰り返すと収束する〜中心極限定理と大数の法則」）、もう少し詳しく書くと、母平均を μ、母分散を σ^2、標本平均を $\bar{x}$ としたとき、この母集団から n 個の標本を抽出すると標本平均と母平均の差の分布が「平均 0、分散 σ^2/n」の正規分布に近づく、ということです。

ここでやりたいことは、母分散はわかっているけれど、母平均がわからないときに、標本平均から母平均を推定することです。そこで、抽出した標本データを次の式で標準化することを考えます。

$$z = \frac{\bar{x} - \mu}{\sqrt{\dfrac{\sigma^2}{n}}}$$

この z の値を **z 値**といい、第 5 章では検定統計量と呼ばれます。この z の分布は中心極限定理と標準化によって標準正規分布とみなしてよいので、標準化した値が全体の 95% を占めるように考えると、

$$-1.96 \leqq \frac{\bar{x} - \mu}{\sqrt{\dfrac{\sigma^2}{n}}} \leqq 1.96$$

という範囲が考えられます。この式を変形すると、

$$\bar{x} - 1.96 \times \sqrt{\frac{\sigma^2}{n}} \leqq \mu \leqq \bar{x} + 1.96 \times \sqrt{\frac{\sigma^2}{n}}$$

となり、母平均をこの区間で推定できます。

この式を見ると標本数 n が大きくなると、その範囲が狭くなっていくことがわかります。つまり、多くの標本を取り出せば、それだけ推定の精度が高まっていくことを意味します。

具体的なデータで区間推定を試してみましょう。ここでは、サイコロを 1000 回振った
データを母集団と考えます。次のように母集団を生成しておくと、母分散を簡単に計算で
きます（当然、母平均も求められますが、知らないフリをします）。

```Python
import numpy as np

dice = [1, 2, 3, 4, 5, 6]
# 母集団を生成
population = np.random.choice(dice, 1000)

# 母分散を求める
var = np.var(population)
```

　ここから、標本として 20 件を抽出し、その標本平均を使って母平均を推定するのです。
標本を次のように取り出して、上記の区間を計算してみます。
　ここでは、標本平均を m という変数で表しています。これは、英語の mean の頭文字で
す [*7]。

```Python
from scipy.stats import norm

n = 20
# 標本を抽出
sample = np.random.choice(population, n)
# 標本平均を求める
m = sample.mean()

# 推定する区間を求める
z = norm.ppf(0.95)
print(m - z * np.sqrt(var / n))
print(m + z * np.sqrt(var / n))
```

```
2.7700150483864925
4.029984951613508
```

　実行するたびに結果は変わりますが、概ねこのような値が得られます。実際には、サイ
コロの場合は期待値が 3.5 であったことからわかるように、この範囲内に入っていること

---

*7　本書では標本平均を $\bar{x}$ や $\bar{y}$ で表現しますが、標本平均を m で表す書籍もあります。

がわかります。

　また、n を 50、100 と変えていくと、その範囲は狭まっていくこともわかります。例えば、$n = 50$ のとき、次のような結果が得られました。

```Python
n = 50
〜以下略〜
```

```
3.2035992169111345
3.9964007830888657
```

　同様に、$n = 100$ のとき、次のような結果が得られました。

```Python
n = 100
〜以下略〜
```

```
3.1890247669195015
3.750975233080499
```

　母平均の推定では 95%信頼区間を使うことが一般的ですが、「99%信頼区間」のように両側 1%点を使うと信頼区間の幅は広がりますし、「90%信頼区間」のように設定すると信頼区間の幅は狭まります。

4.3.2　母分散がわからない場合に推定する〜自由度

■母分散を計算する

　前述で標本平均から母平均を推定する方法を紹介しましたが、推定するときに母分散がわかっていることは多くありません。つまり、母平均も母分散もわからない状態で、母平均や母分散を推定したいときがあります。

　母分散がわかれば、母平均の範囲を区間推定できることはわかりました。そこで、まずは母分散を求める（推定する）ことを考えます。

　分散を求める式を改めて見直してみましょう。離散型の確率変数の場合、分散は次の式で求められました（「2.3.1 分布のばらつきとは」）。

$$V = \frac{1}{n} \sum_{k=1}^{n} (x_k - \bar{x})^2$$

この式を見ると、分散を求めるには平均が必要なことがわかります。標本分散の場合は標本平均を求めて計算しました。

　母平均は標本平均に近いとはいえ、若干の誤差があります。標本分散の値は、標本の各データと標本平均との差を計算しているため、標本平均を使うと分散が最小になることが予想できます（標本平均の代わりに母平均など他の値を使用すると、差の2乗の和はより大きくなる）。つまり、母分散を推定するときに他の値を使うと、この分散の値よりも大きくなります。

　そこで、平均との差の2乗の和を n で割るのではなく、次のように $n-1$ で割ってみます。

$$s^2 = \frac{1}{n-1} \sum_{k=1}^{n} (x_k - \bar{x})^2$$

　標本分散の V よりも少しだけ大きな値ですが、これを**不偏分散**といいます。そして、この値で母分散を推定します。

　このように、母集団はよくわからないけれど、標本で調べた平均や分散、標準偏差といった統計量をもとに母集団の統計量を推定するために使うものを**不偏推定量**といいます（**図 4.8**）。

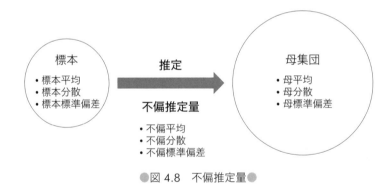

●図 4.8　不偏推定量●

　そして、この $n-1$ のことを**自由度**といい、ν という記号で表すこともあります。

■ 自由度のイメージ

　自由度がなぜ $n-1$ なのか、という話をすると複雑な数式で説明することになるため、本書では立ち入らないことにします。しかし、自由度という言葉は、名前の通り「自由に値を取れる数」だと考えるとイメージしやすいものです。

　例えば、n 個のデータを取り出し、平均を調べる場面を考えてみましょう。標本平均を求める場合は、標本のデータ n 個を使って合計を求め、データの個数で割り算するので、n 個の数を自由に決められます。この場合、自由度は n です。

一方、もし合計がわかっていれば、$n-1$ 個のデータを調べることで、残りの 1 個は自動的に決まります（**図 4.9**）。

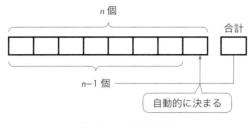

n 個

合計

$n-1$ 個

自動的に決まる

●図 4.9　自由度●

不偏分散を求める場合も、標本分散の値が決まっている場合は、$n-1$ 個のデータを調べることで不偏分散を計算する、と考えると自由度をイメージしやすくなります。

■共分散

第 3 章では、散布図の関係を数値化するために共分散を求めました。共分散の場合も、標本データに対する共分散を求めるだけでなく、一般的には不偏共分散を考えます。これも同様に自由度 $n-1$ で考えるため、次の式で求められます。

$$S_{xy} = \frac{1}{n-1} \sum_{k=1}^{n} (x_k - \bar{x})(y_k - \bar{y})$$

「3.2.1 数値化」で計算したように、Python でも R でも cov 関数で計算できます。

■ t 分布で区間推定する

母分散がわかっている場合、正規分布で母平均を区間推定しました。しかし、現実には母分散がわからない、という場合が多いことも紹介しました。

このように母分散がわからない場合には **t 分布** を使います。t 分布は標準正規分布と似た分布で、自由度によって分布の形が変わります。例えば、自由度が 1, 5, 10 の t 分布と標準正規分布を比べると、**図 4.10** のようになります。

これを見ると、自由度が大きくなると標準正規分布に近づくことがわかります。実際には、標本の数が 30 を超えるような場合は正規分布を使いますが、30 未満の場合にはこの t 分布を使います。

平均が μ の正規分布に従う母集団から n 個の標本を抽出したとき、標本平均が $\bar{x}$、不偏分散が s^2 であれば、

$$t = \frac{\bar{x} - \mu}{\sqrt{\dfrac{s^2}{n}}}$$

は、自由度 $n-1$ の t 分布に従うことが知られています。このため、母分散が未知の場合には t 分布で区間推定できます。この t の値を t 値といい、z 値と同様に第 5 章では検定に使われます。

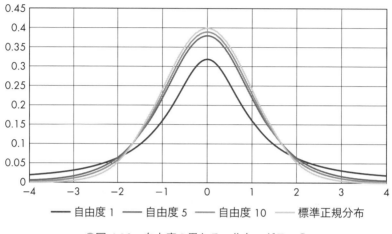

●図 4.10　自由度の異なる t 分布のグラフ●

Python で t 分布の値を調べるには、`scipy.stats.t.cdf` という関数があります。同様に、t 分布のパーセント点を求めるには、`scipy.stats.t.ppf` 関数が使えます。使い方は標準正規分布と同様です。

例えば、サイコロを 20 回振るように乱数を発生させ、そこからこの乱数における母平均を求めてみましょう。ここで、標本分散ではなく不偏分散を使うため、`np.var` に `ddof=1` というオプションを指定します [*8]。また、t 分布の自由度を指定します。

```Python
import numpy as np
from scipy.stats import t

dice = [1, 2, 3, 4, 5, 6]
n = 20

sample = np.random.choice(dice, n)
m = np.mean(sample)
var = np.var(sample, ddof=1)

z = t.ppf(0.95, n - 1)
```

---

*8　デルタ自由度を意味する英語（Delta Degrees of Freedom）の略です。

```
print(m - z * np.sqrt(var / n))
print(m + z * np.sqrt(var / n))
```

```
2.9462884814618002
4.4537115185382
```

　Rでも同様に区間を推定できます。不偏分散を求めるには、「2.3.1 分布のばらつきとは」で紹介したように var 関数を使うだけです。なお、母集団から指定した数の標本をランダムに抽出するには sample という関数が使えます。

```R
n <- 20

sample <- as.integer(runif(n, min=1, max=7))
m <- mean(sample)
var <- var(sample)

z = qt(0.95, n - 1)
print(m - z * sqrt(var / n))
print(m + z * sqrt(var / n))
```

```
[1] 2.868951
[1] 4.231049
```

4.3.3　母比率の区間推定

■比率を考える

　アンケートの回答や生産量を求めるように標本平均からを母平均を推定する場合は、「4.3.1 推定の精度を考える」と「4.3.2 母分散がわからない場合に推定する～自由度」で紹介した方法が使えそうです。では、それぞれの平均ではなく、確率について考えてみましょう。

　サイコロの場合、回数を増やせばそれぞれの目が出る回数が徐々に均等に近づくと考えました。これについても、それぞれの目が出る確率がどれくらいの範囲に入るのか推定してみましょう。

　例えば、サイコロを100回振ったときに1が出る回数（つまり1が出る確率）を推定することを考えます。このとき、0回から100回の範囲だと推定すれば、100%の確率でその範囲内に収まります。しかし、これでは推定している意味がありません。

サイコロの出る目のように、確率についても母集団と標本を考えます。母集団において起きる確率のことを**母比率**、標本において起きる確率のことを**標本比率**といいます。母平均の推定と同じように、母比率についても区間推定が可能です。

　母比率 p の分布から n 回調査するときの標本比率を x とすると、母比率と標本比率の差が「平均 0、分散 $\dfrac{p(1-p)}{n}$」の正規分布に従うことが知られています。そこで、次の式で標準化します。

$$z = \frac{p - x}{\sqrt{\dfrac{p(1-p)}{n}}}$$

標準化した値が全体の 95% を占めるように考えると、

$$-1.96 \leqq \frac{p - x}{\sqrt{\dfrac{p(1-p)}{n}}} \leqq 1.96$$

という範囲が考えられます。

　つまり、母比率 p の 95% 信頼区間は次の式で求められます。

$$x - 1.96 \times \sqrt{\frac{p(1-p)}{n}} \leqq p \leqq x + 1.96 \times \sqrt{\frac{p(1-p)}{n}}$$

しかし、すべての辺に p が入っているため、p の範囲が求められません。ただし、n が大きくなると x は p とほぼ同じ値になることを考えると、平方根の中の p は x に置き換えて考えられます。つまり、次の式で求められます。

$$x - 1.96 \times \sqrt{\frac{x(1-x)}{n}} \leqq p \leqq x + 1.96 \times \sqrt{\frac{x(1-x)}{n}}$$

　例えば、サイコロで 1 が出る確率は $\dfrac{1}{6}$ なので、標本比率は $\dfrac{1}{6}$ です。100 回繰り返し振ったときにどれくらいの回数出るのか求めてみます。

$$1.96 \times \sqrt{\frac{\dfrac{1}{6} \times \dfrac{5}{6}}{100}} = 1.96 \times 0.037 = 0.073$$

　これより、母比率は $\dfrac{1}{6} - 0.073 \leqq p \leqq \dfrac{1}{6} + 0.073$、つまり $0.094 \leqq p \leqq 0.239$ と計算できます。これは 100 回繰り返すと 10 回から 23 回の間に 95% くらいの確率で入ることを意味します。

　同様に 1000 回繰り返した場合を計算すると $0.144 \leqq p \leqq 0.189$ となり、範囲が狭くなっていることがわかります。

■ アンケート調査などに必要な数は？

この母比率の区間推定を使うと、アンケートなどでどのくらいの人に質問すれば、有効な結果が得られるのかを計算できます。

先ほど、「母比率 p の分布から n 回調査するときの標本比率を x とすると、母比率と標本比率の差が「平均 0、分散 $\dfrac{p(1-p)}{n}$」の正規分布に従う」と説明しました。そこで、アンケートの場合、回答率[*9]を p とします。n 人について調査したときの回答率を x とすると、母比率 p と標本比率 x の差が「平均 0、分散 $\dfrac{p(1-p)}{n}$」の正規分布に従うといい換えられます。つまり、前述の母比率の検定と同じ式が使えて、

$$-1.96 \leqq \frac{p-x}{\sqrt{\dfrac{p(1-p)}{n}}} \leqq 1.96$$

と計算できます。今回はこの式から n の範囲を求めることになります。

ここで、母比率と標本比率の差をどのくらいまで許すのかを考えます。これを**許容誤差**といいます。上記の式より、許容誤差を d とすると、

$$d = 1.96 \times \sqrt{\frac{p(1-p)}{n}}$$

と考えられます。両辺を 2 乗して変形すると、

$$n = 1.96^2 \times \frac{p(1-p)}{d^2}$$

となります。

ここで、許容誤差を 5%（0.05）とし、回答率が 50%（0.5）としてみましょう（回答率を 50% にすると調査対象者数が最大になるため、事前に参考となる回答率が予測できない場合は 50% を使います）。この式より $n = 384.16$ という値が計算でき、385 人に対してアンケートすると、有効な答えが得られることになります。

ただし、これはあくまでも母集団が十分に大きい場合です。母集団が 100 人しかいないのに、385 人にアンケートすることはできません。そこで、母集団の人数を N としたとき、次のような修正式が用いられます。

$$n' = \frac{nN}{N+n-1}$$

例えば、$N = 100$ のときは、$n' = \dfrac{384.16 \times 100}{100 + 384.16 - 1} = 79.5$ なので 80 人、$N = 1000$ のときは、$n' = \dfrac{384.16 \times 1000}{1000 + 384.16 - 1} = 277.74$ なので 278 人、と計算でき、N が大きくなれば

[*9] アンケート結果が回収できる推測値。

385 人に近づいていきます。

Column　選挙での当選確実

選挙速報では、開票率が数パーセントの段階で「当選確実」が出る場合があります。これも母比率の区間推定によるものです。

よく使われる方法が「出口調査」で、投票所の出口でインタビューをし、その回答からそれぞれの候補者の得票率を推定しています。得票率の信頼区間を候補者単位に計算することで、その候補者が当選かどうか判断できます。

例えば候補者が 2 人であれば、信頼区間の下限が 50%を超えれば、その候補者はほぼ確実に当選することがわかります。**表 4.7** のような出口調査の結果をもとに計算してみましょう。

●表 4.7　選挙の当選確実を予想●

候補者	A	B
得票数	42	18

全部で 60 人に調査した結果であり、A の得票率が 70%なので、これまでの式に代入すると、次のように求められます。

$$0.7 - 1.96 \times \sqrt{\frac{0.7(1 - 0.7)}{60}} \leqq p \leqq 0.7 + 1.96 \times \sqrt{\frac{0.7(1 - 0.7)}{60}}$$

これを整理すると、$0.584 \leqq p \leqq 0.816$ という範囲に入ります。つまり、信頼区間の下限が 58%を超えているので、当選確実だとわかります。

[4.4]
条件付き確率を学ぶ
〜ベイズ理論とベイズ推定

4.4.1　同時確率と条件付き確率

　2つの事象 A, B があるとき、これらが同時に起こる確率を求めます。これを「同時確率」といい、$P(A \cap B)$ と表現します。また、$A \cap B$ を、事象 A, B の積事象といいます。

　例えば、2つのサイコロを振ったとき、A は「1つ目のサイコロで偶数が出る」、B は「2つ目のサイコロで3の倍数が出る」という事象だとします。

　このときの分布を**同時確率分布**といい、それぞれの確率分布を**図 4.11** のように表現すると、その同時確率は次の式で求められます。

$$P(A \cap B) = \frac{6}{36} = \frac{1}{6}$$

A\B	1	2	3	4	5	6
1	1/6	1/6	1/6	1/6	1/6	1/6
2	1/6	1/6	1/6	1/6	1/6	1/6
3	1/6	1/6	1/6	1/6	1/6	1/6
4	1/6	1/6	1/6	1/6	1/6	1/6
5	1/6	1/6	1/6	1/6	1/6	1/6
6	1/6	1/6	1/6	1/6	1/6	1/6

●図 4.11　同時確率の確率分布●

　では、同時確率を計算で求めることを考えてみましょう。

　もし事象 A と事象 B が独立であれば、単純な掛け算で求められます。ここで、「独立」とは一方の事象がもう一方に影響を与えないことを意味します。今回のように「2つのサイコロを振る」という場合は、一方の目がもう一方の目に影響を与えません（一方が偶数だったから、もう一方も偶数になる、というようなことはない）。

このように独立な事象の場合は、$P(A \cap B) = P(A) \times P(B)$ で求められます。今回の場合は $P(A \cap B) = P(A) \times P(B) = \frac{1}{2} \times \frac{1}{3} = \frac{1}{6}$ で上記と一致します。

独立と間違えやすい言葉に「排反」があり、こちらは同時に起こらないことを意味します。例えばサイコロの場合、1つのサイコロを投げたときに2の目と3の目が同時に出ることはありません。

同時確率と似た考え方に**条件付き確率**があります。これは、ある事象 A が起こったとき、その条件のもとで事象 B が起こる確率で「$P(B|A)$」という記号で表します。$P(B|A)$ は事象 A を全体と考えたときに、事象 B の起こる確率だといえます。

次に、迷惑メールを分類する作業を自動化することを考えてみましょう。メールが届いたときに、そのメールを見て迷惑メールかどうか判定したいとします。すでに受信トレイに多くのメールがある場合、この受信メールを使って分析します。

例えば、受信トレイに日本語のメールが200通、英語のメールが50通あったとします。日本語のメールのうち10通が迷惑メール、英語のメールのうち20通が迷惑メールでした（**図 4.12**）。

●図 4.12　条件付き確率●

まず、迷惑メールが英語である確率を求めます。事象 A を「1通のメールを選んだとき、そのメールが迷惑メールである」、事象 B を「1通のメールを選んだとき、そのメールが英語である」とします。求める確率は、条件付き確率を使って $P(B|A)$ と表せます。この場合、$P(B|A) = \frac{20}{30} = \frac{2}{3}$ となります。

これは迷惑メールが30件、そのうち英語のメールが20件なので簡単でしょう。このように、全体を「迷惑メールだけ」だと考えるのがポイントです。

条件付き確率は、上述の同時確率を使うと次の式で表現することもでき、上の例と同じように求められます。

$$P(B|A) = \frac{P(A \cap B)}{P(A)} = \frac{\dfrac{20}{250}}{\dfrac{30}{250}} = \frac{2}{3}$$

この式を変形すると、次の式が得られます。

$$P(A \cap B) = P(A)P(B|A)$$

これは掛け算の形なので、確率の**乗法定理**といいます。

4.4.2　ベイズの定理

乗法定理における A と B を入れ替えると、次の 2 つの式で表現できます。

$$P(A \cap B) = P(A)P(B|A)$$
$$P(A \cap B) = P(B)P(A|B)$$

左辺が等しいので、右辺同士を等式で考えると $P(A)P(B|A) = P(B)P(A|B)$ です。整理すると、

$$P(A|B) = \frac{P(B|A)P(A)}{P(B)}$$

という式が得られます。これが**ベイズの定理**です。ここで、$P(A)$ を**事前確率**、$P(A|B)$ を**事後確率**、$P(B|A)$ を**尤度**といいます。

　ベイズの定理を使って、先ほど求めたかった迷惑メールであるという確率を考えましょう。上記の式を見れば、選んだメールが英語のメールであるときに、それが迷惑メールである確率が求められそうです。

　実際に、ベイズの定理を使うと、次のように計算できます。

$$P(A|B) = \frac{P(B|A)P(A)}{P(B)} = \frac{\frac{2}{3} \times \frac{30}{250}}{\frac{50}{250}} = \frac{2}{5}$$

　このように逆の確率が簡単に求められるため、ベイズの定理は**逆確率の法則**ということもあります。これを使うと、新たにメールが届いたとき、それが英語であれば「迷惑メールである確率」が $\frac{2}{5}$ である、といえます。

　これを見て、当たり前だと思うかもしれません。今回のデータでも、英語のメールが 50 通のうち、迷惑メールが 20 通でしたので、英語のメールが迷惑メールである確率は $\frac{2}{5}$ です。しかし、ここで「事前確率」「事後確率」という言葉を考えてみましょう。

　事前確率は $\frac{30}{250} = 0.12$ でしたが、事後確率は $\frac{2}{5} = 0.4$ となっています。つまり、英語のメールだということが分かったことで、迷惑メールである確率が高まったということを意味しています。

　1 件受信するごとに事後確率、事前確率が変わっていくため、同じ処理を繰り返していくと、少しずつ確率の精度が高まっていきそうです。これを**ベイズ更新**といいます。

　ベイズの定理で重要なのは視点の変化です。最初、「迷惑メールはどんなメールか？」という疑問があり、英語のメールを調べることにしました。そのあと、英語のメールであれば迷惑メールである割合がどの程度か、ということを考えました。

ここで A（迷惑メールである）を「仮定（Hypothesis）」、B（英語である）を「データ（Data）」と考え、それぞれを H、D とすると、

$$P(H|D) = \frac{P(D|H)P(H)}{P(D)}$$

と整理できます。式は同じですが、ベイズの定理は仮定とデータを入れ替えて考えられる、ともいえます。ここで、迷惑メールとそれ以外をそれぞれ H_1, H_2 とすると、次の 2 つの式が成り立ちます。

$$P(H_1|D) = \frac{P(D|H_1)P(H_1)}{P(D)}$$

$$P(H_2|D) = \frac{P(D|H_2)P(H_2)}{P(D)}$$

これらを使うと、迷惑メールかどうか、**表 4.8** で判定できます。

●表 4.8　迷惑メールの判定条件●

メール	判定条件
迷惑メール	$P(H_1|D) > P(H_2|D)$
通常メール	$P(H_1|D) < P(H_2|D)$

上の 2 つの式の分母は同じですので、迷惑メールは次の式で判定できます。

$$P(D|H_1)P(H_1) > P(D|H_2)P(H_2)$$

このように、出現確率と事前確率の積の大小で迷惑メールかどうか判定します。この「事前確率」を使う、というのがベイズの定理の特徴です。そして、このベイズの定理を使って推定することを**ベイズ推定**といいます。

では実際に、ベイズ推定をプログラムで実行してみましょう。ここでは、上記の迷惑メールについてのデータを使って、迷惑メールかどうか判断してみます。

例えば、Python の場合は scikit-learn に `linear_model.BayesianRidge` が用意されています。これを使って推定してみましょう。

まずはモデルを作成します。最初に、通常のメールと迷惑メールでの、日本語と英語の分布を作成しておきます。そして、ここから 20 件ずつランダムに取り出して、モデルを作成します。つまり、最初は何も情報がない状態から 20 件のデータを取り出すたびに、ベイズ更新が行われていると考えられます。

```Python
from sklearn import linear_model
import numpy as np

# 通常のメールと迷惑メールでの分布を作成(0: 日本語、1: 英語)
dist = [
    [0] * 190 + [1] * 30,
    [0] * 10 + [1] * 20
]

# それぞれからサンプルを取り出す
sample = [
    np.random.choice(dist[0], 20),
    np.random.choice(dist[1], 20)
]

# 0: 通常のメール、1: 迷惑メール
mail = [0, 1]

# モデルの作成
reg = linear_model.BayesianRidge()
reg.fit(sample, mail)
```

```
BayesianRidge(alpha_1=1e-06, alpha_2=1e-06, compute_score=False, copy_X=True,
    fit_intercept=True, lambda_1=1e-06, lambda_2=1e-06, n_iter=300,
    normalize=False, tol=0.001, verbose=False)
```

　そして、作成されたモデルに対し、また新たなサンプルを取り出してみましょう。これが通常のメールから取り出されたものなのか、迷惑メールから取り出されたものなのかを判断しよう、というわけです。

```Python
# 通常のメールからのデータに対して推定を実行
reg.predict([np.random.choice(dist[0], 20)])
```

```
array([0.14285857])
```

　今回は 0.5 よりも小さいため、通常のメールだと判断できます。同様に、迷惑メール側からサンプルを取り出して試してみます。

```Python
# 迷惑メールからのデータに対して推定を実行
reg.predict([np.random.choice(dist[1], 20)])
```

```
array([0.85714143])
```

　今度は 0.5 より大きくなったので、迷惑メールだと判断できます。

　そして、この結果は推定を実行するたびに結果が変わります。これは、出た順番によって推測結果が変わることを意味しています。

第
5
章

検定の手法を知る

[5.1]

逆の仮説から検証する
〜帰無仮説と対立仮説、有意水準

5.1.1　仮説が正しいか検証する〜検定

■検定の必要性

　ここまで、手元にあるデータに対して平均や分散を求めるだけでなく、その母集団の平均などを推定する方法を紹介してきました。しかし、ある母集団の平均などの値が、ある値に等しいかどうか、どうやって確認すればよいでしょうか？　また複数のグループがあり、それぞれのデータから計算した平均や分散などの統計量を比べるときに、どのくらい差があればグループ間に違いがある（許容できる誤差として考えられるより大きな差がある）と考えられるのでしょうか？

　例えば、サイコロの出る目を擬似乱数で生成した図 4.2 を見て、実際にサイコロを振ればもっと均等な分布になりそうだと感じた人がいるかもしれません。乱数で生成する個数を増やすと均等な分布に近づく、といっても、生成する個数が少ない状況でも「こんなにもばらつきが発生するだろうか？」という疑問が考えられます。

　これは、「擬似乱数で生成した数値が均等に出現する」という仮定そのものを疑うことだといえます。実際のサイコロに対して「イカサマがあるのではないか」と疑うことと同じで、これは検証する必要があります。そして、統計的に検証する作業を**検定**や**統計的検定**といいます。もう少し統計の用語を使うと、「母集団の平均や分散がある値に等しい（またはある値より大きい・小さい）か」という仮説を、標本から得た情報に基づき検証することをいいます。では、実際にどのような場合に検定を使えばいいのか考えてみましょう。

　例えば、1 リットル入った牛乳パックが売られている場面を想像してみます。過去に購入したところ、いずれも 1 リットルより少なかったため、これが本当に 1 リットル入っているのか不安になったとします。このような場合、どうすれば良いでしょうか？

1本だけ購入し調べたものが1リットル未満だったとしても、購入しなかったものはすべて1リットル以上入っているかもしれません。これが偶然なのか、全体的に少ないのか調べる必要がありそうです。このように、ある母集団から取り出した標本を使って、平均や分散を計算し、母集団の平均が想定される値と差があるかを調べる場合があります。これは「全国一斉テストの平均」を「ある学校の生徒での平均」で検定する、「選挙での投票結果の得票割合」を「一部の出口調査の割合」で検定する、という場面でも同じ方法が使えそうです。

　他にも複数の母集団を比較する場面が考えられます。例えば、塾に通っているグループと通っていないグループとの平均点の違い、薬を投与したグループと投与しなかったグループの有効性の違い、などが挙げられます。このように、母集団が2つある場合に、それぞれの母集団の平均の違いを調べる方法もよく使われます。

　場合によっては、授業を受ける前と授業を受けたあとの平均点の違い、薬を投与する前と投与した後の検査結果の違いのように、2つの標本の間に1対1の対応がある場合も考えられます。

　なお、調べたい統計量には平均以外にも中央値や分散、相関係数などさまざまな指標が考えられます。当然、データの種類によっても変わってきます。つまり、質的データなのか量的データなのか、母集団が1つなのか2つなのか、対応があるのかないのか、などによって検定方法が変わってくるのです。

　そこで、この章ではさまざまな検定対象に対して、どのような検定方法を使うのか、順に紹介していきます。

■ 検定の考え方

　検定にはさまざまな種類がありますが、基本的な考え方は同じです。そこで、その考え方について、先ほどのサイコロの例で紹介しましょう。

　イカサマがないサイコロであれば、特定の目だけが明らかに多く出るようなことは偶然だと考えられます。このように疑いを持っていることを否定するために用意した反対の主張をする仮説を**帰無仮説**といいます。一方で、検証したい「このサイコロはインチキである」という仮説を**対立仮説**といいます。帰無仮説は「相手の主張」、対立仮説は「自分の主張」と読み替えてもいいでしょう。

　このように、最初に帰無仮説と対立仮説の2つを設定します。そして、帰無仮説が正しいという前提で検証し、もしそのようなことはきわめて起こりにくいとしたら「帰無仮説が間違っている＝対立仮説が正しい」と判断します。では、どのようにして「起こりにくい」と判断するのか考えてみましょう。

　例えば、上記のサイコロの例の場合、インチキがないのであれば特定の目だけが明らか

に多く出ることはないはずです。10回振っただけであれば特定の目が多く出るように偏る場合があっても、回数を増やせばある程度均等に近づきます。しかし、実際には均等に出るように作られたサイコロでも、60回振ったときにある目の出た回数が9回や11回になることもあるはずです。これをインチキだと判断すると困ってしまいます。

そこで、標本として出現したデータがどのくらいの確率で現れるかを考えるため、その標本データをもとに「検定に使う値」を計算します。この値を**検定統計量**（または統計量）といい、第4章で紹介したz値やt値がよく使われます。

例えば、z値は平均が0、分散が1となるようにデータを標準化した値で、標準正規分布に従いました。第2章で紹介したように、正規分布の場合は、平均から標準偏差1つ分の範囲内にデータの約68%が、標準偏差2つ分の範囲内にデータの約95%が、標準偏差3つ分の範囲内にデータの約99%が入ります。

つまり、データから算出された検定統計量を調べると、その標本データが得られることがどれほど起こりにくいのかを判断できます。ここで、一定の範囲で判断ミスが発生することは認めることにします。その上で、どちらの仮説が正しいか判断するために、**棄却域**と**有意水準**（または危険率）という言葉を使います。棄却域は、帰無仮説を棄却する（＝仮説を捨て、対立仮説が正しいと判断する）範囲のことで、その基準が有意水準です。

「有意水準が5%」というのは、その範囲に入ることは通常のサイコロでは滅多に起こらない、それくらい珍しいことが起きた状況だと考えます。つまり、同じような実験を100回試行したときに、5回以下しか起こらないのであれば珍しいことだと考えるのです。

そこで、実際に試してみたときの標本データから得られる統計量についての分布を考え、棄却域を設定します。例えば、先ほどの牛乳が1リットルより多いか少ないか調べたい、という場合は（表4.6）、その統計量の分布を考え、その両側の5%、つまりそれぞれ2.5%ずつの範囲を設定します。これが**両側検定**での棄却域で、標準正規分布であれば1.96という点の外側を棄却域に設定します（**図5.1**）。

なお、牛乳が1リットルより少ないことを検定する、というようにどちらか片側が正しいことがほぼ確実な場合には、片側検定を行う場合もあります。標準正規分布であれば、-1.64という点より小さい部分を棄却域に設定します（**図5.2**）。

この-1.96と-1.64のように、同じ5%でも、両側検定と片側検定によって、使うパーセント点が変わります。つまり、片側だとわかっている場合は、片側検定を使う方が対立仮説が採択されやすくなります。

棄却域を設定したあとは、標本を実際に抽出してみます。抽出した結果、統計量が棄却域にあるかを調べ、棄却域に入れば帰無仮説を棄却し、対立仮説を採択するのです。

一方、棄却域に入らなければ帰無仮説は棄却されません。このことを「帰無仮説を受容する」といいます。

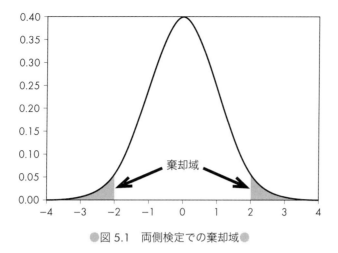

●図 5.1　両側検定での棄却域●

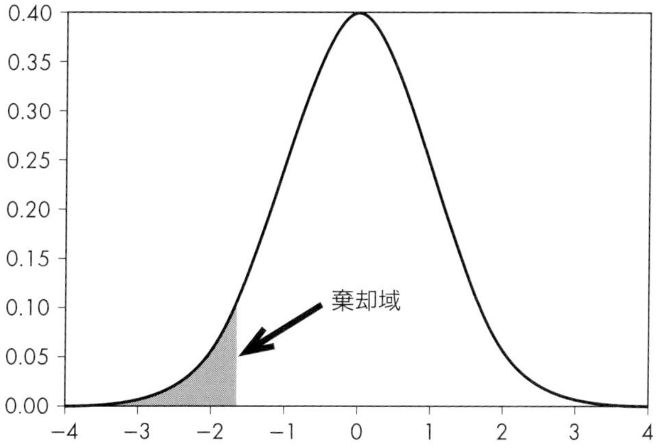

●図 5.2　片側検定での棄却域●

　このように、検定を使うことで根拠を持って説明できるため、説明した数字に対する説得力が出てきます。ここまでの流れは、**図 5.3** のように整理できます。

　一般的には有意水準として 5% を使いますが、人の命が関わってくるような重要な判断の場合には 1% を、条件が緩くてもよい場合は 10% を使います。

　なお、帰無仮説が正しいという前提で、計算された統計量よりも極端な統計量が観測される確率を **p 値**といいます。つまり、有意水準が 5% の場合、$p < 0.05$ であれば、偶然性の影響は小さいことになり、これを有意差がある（違いがある）といいます。これは、$p < 0.05$ であれば、「95% 以上の確率で偶然ではない違いがある」ということです。

帰無仮説を仮に認める。	棄却域を設定する。	標本を抽出する。
• 帰無仮説が正しいものとする。 • その上で、統計量の分布を定める。	• 有意水準を決める。 • 両側検定か片側検定か決める。	• 抽出した標本で統計量を求める。 • 棄却域に入れば帰無仮説を棄却する。

●図 5.3　検定の流れ●

5.1.2　検定を使うときの注意点

■第一種の過誤と第二種の過誤

　検定で注意が必要なのは「棄却域に入ったことで帰無仮説が棄却され、対立仮説が採択されても、それが正しくない場合もある」ということです。これは5%よりも少ない確率で起きるくらい珍しいことですが、あくまでも確率の話なので絶対に正しいとはいえません。標本データから確率的に結論を出しているだけだ、ということは忘れてはいけません。つまり、多くの場合は問題なくても、一部のデータでは間違った答えが出てしまう可能性があるのです。これを**過誤**といい、大きく**第一種の過誤**と**第二種の過誤**に分けられます。

　第一種の過誤は、帰無仮説が正しいにも関わらず、帰無仮説を棄却して対立仮説を採択してしまうことで、**誤検出**ともいいます。第二種の過誤は、対立仮説が正しいときに、帰無仮説を受容してしまうことで、**検出漏れ**ともいいます。

　これらは、**表 5.1** のように整理できます。

●表 5.1　検定結果の判断●

		検定の結果	
		p 値 $\geqq 0.05$	p 値 < 0.05
現実	帰無仮説が正しい	帰無仮説を受容 （正しいとはいえない）	第一種の過誤 （誤検出）
	対立仮説が正しい	第二種の過誤 （検出漏れ）	帰無仮説を棄却 （対立仮説を採択）

■棄却域の設定タイミング

　図 5.3 でも紹介したように、棄却域は検定を実施する（標本を抽出する）前に決めておかなくてはいけません。あとになってから、「5%だと棄却されてしまうから、10%に変更しよう」というのでは、検定を実施する意味がありません。

平均を検定する
～両側検定と片側検定

5.2.1 両側検定

■母分散がわかっている場合

　ある標本から平均を計算したときに、それが本来の母集団から取り出したものか、その平均を検定したいことがあります。

　例えば、工場で製品を作っている場面を考えると、普段から生産にかかる時間などのデータを収集しているでしょう。過去の1年間のデータを調べたところ、1つの製品を生産するのにかかる時間が平均30秒、分散1.5だったとします。このデータは十分な大きさがあるため、母集団の分布に非常に近いものとみなして、母平均が30秒、母分散を1.5とみなすことにします。

　ある日、工場の機械が故障したため修理しました。このとき、以前と比べて生産にかかる時間にずれが生じていないか、サンプルデータを取得して検定することにしました。このとき、生産にかかる時間の母分散は前と変わらないものとします。この場合、母平均を μ とすると、帰無仮説は $\mu = 30$、対立仮説は $\mu \neq 30$ となります。もし普段通り生産できているのであれば、生産にかかる時間の標本平均が30秒になるはずです。これを有意水準5%で検定することにします。今回は対立仮説が30秒でない（30秒に等しいかどうか判断したい）、ということなので両側検定を使います。

　区間推定（「4.3.1 推定の精度を考える」）で紹介したように、標本平均 $\bar{x}$ のとりうる範囲（95%信頼区間）は次の式を変形して計算しました。

$$-1.96 \leqq \frac{\bar{x} - \mu}{\sqrt{\dfrac{\sigma^2}{n}}} \leqq 1.96$$

ここで、この z 値

$$\frac{\bar{x} - \mu}{\sqrt{\dfrac{\sigma^2}{n}}}$$

を使って検定することにします。これを **z 検定**といいます。

まずは帰無仮説が正しいものと仮定します。今回は正規分布に従うので、有意水準5%で両側検定する際の棄却域を設定します。棄却域は、「4.3.1 推定の精度を考える」で紹介した norm.ppf と qnorm 関数を使って求めましょう。

```Python
from scipy.stats import norm

[norm.ppf(0.025), norm.ppf(0.975)]
```

```
[-1.9599639845400545, 1.959963984540054]
```

```R
c(qnorm(0.025), qnorm(0.975))
```

```
-1.95996398454005 1.95996398454005
```

つまり、z 値が -1.96 より小さいか、1.96 より大きいと帰無仮説が棄却されます。

今回、10 個ほど製品を作って生産にかかる時間を測定したところ、**表5.2** の結果が得られました。

●表 5.2　工場での生産にかかる時間●

No	1	2	3	4	5	6	7	8	9	10
生産時間	29.2	29.8	31.2	32.1	28.8	30.1	30.9	29.4	30.7	31.2

このデータを使って、実際に計算してみましょう。まずは標本平均を求めます。

```Python
import numpy as np

data = [29.2, 29.8, 31.2, 32.1, 28.8, 30.1, 30.9, 29.4, 30.7, 31.2]

m = np.mean(data)
m
```

```
30.33999999999996
```

R

```r
data <- c(29.2, 29.8, 31.2, 32.1, 28.8, 30.1, 30.9, 29.4, 30.7, 31.2)

m <- mean(data)
m
```

```
30.34
```

そして、z 値を求めます。

Python

```python
n = len(data)

z_value = (m - 30.0) / np.sqrt(1.5 / n)
z_value
```

```
0.8778762251403383
```

R

```r
n <- length(data)

z_value <- (m - 30.0) / sqrt(1.5 / n)
z_value
```

```
0.877876225140347
```

今回は 0.8778 という値なので、棄却域には入っていないことがわかります。

なお、この z 値から確率密度関数の値を求めるには、「4.3.1 推定の精度を考える」で紹介したように、Python では scipy.stats モジュールの norm.pdf というメソッドを、R では dnorm という関数を使えます。

Python

```python
p_value = norm.pdf(z_value)
print(p_value)
```

```
0.27137005674469505
```

R

```
p_value <- dnorm(z_value)
p_value
```

```
0.271370056744693
```

そして、この点までの累積分布関数の値は、Python では scipy.stats モジュールの norm.cdf メソッドで、R では pnorm 関数で計算できます。

Python

```
norm.cdf(z_value)
```

```
0.8099945536751224
```

R

```
pnorm(z_value)
```

```
0.809994553675125
```

これが 0.025 より小さいか、0.975 より大きければ棄却域に入ると判断してもよいでしょう。今回は棄却域に入っていないことがわかります。

実際に正規分布のグラフのどこに位置するのか見てみましょう（**図 5.4**）。

Python

```
from matplotlib import pyplot as plt

x = np.linspace(-4, 4, 1000)
fig, ax = plt.subplots(1, 1)

# 正規分布を描画
ax.plot(x, norm.pdf(x), linestyle='-', label='n='+str(n))

# 今回の z 値を表示
ax.plot(
        z_value, p_value, 'x', color='red', markersize=7,
        markeredgewidth=2, alpha=0.8, label='data'
```

```
)

# 棄却域を描画
bottom, up = norm.interval(alpha=0.95, loc=0, scale=1)
plt.fill_between(
        x, norm.pdf(x), 0, where=(x>=up)|(x<=bottom),
        facecolor='black', alpha=0.1
)

plt.xlim(-4, 4)
plt.ylim(0, 0.4)

plt.legend()
plt.show()
```

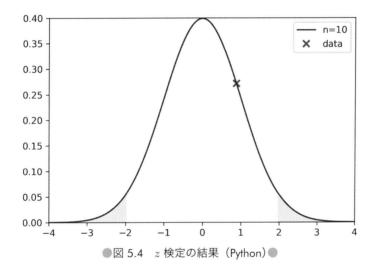
●図 5.4　z 検定の結果（Python）●

　このように、棄却域に入っていないため、帰無仮説が棄却されないことがわかります。このとき、帰無仮説は受容されますが、平均が 30 秒であるかはわからない、という結論になります。現実的には、継続して測定することになるでしょう。

■ 母分散がわかっていない場合

　z 検定はわかりやすい方法で計算も簡単ですが、現実には母分散がわかっていない場合の方が一般的でしょう。これが z 検定の問題点で、「分散が既知である」という条件があります。

　例えば、利用者がエアコンを動かしてみたけれど、設定温度になっていない気がする、と

いった場合を考えてみましょう。しかし、エアコンをつけたときの温度の分布が、どのような分散になるのか、想像もつきません。

そこで、実際に温度を測定してみて、その平均気温から設定温度になっているか検定することにします。設定温度を25℃にした場合、母平均がμならば、帰無仮説は$\mu = 25.0$、対立仮説は$\mu \neq 25.0$となります。

このエアコンが正しく動作していれば、室温が25℃になるはずです。これを有意水準5%で検定することにします。今回は対立仮説が25℃でない（25℃になっているか調べたい）、ということなので両側検定を使います。

このように、母分散がわかっていない場合で、標本の数が少ない場合にはt分布を使って検定します。このt分布は、「4.3 推定する〜区間推定」で紹介したときと同じものです。これを **t検定** といい、z検定と同じように、標本平均を$\bar{x}$、不偏分散をs^2とすると、次の式でt値が求められます。

$$t = \frac{\bar{x} - \mu}{\sqrt{\dfrac{s^2}{n}}}$$

このように、t値を求める式は、z検定における母分散が不偏分散に変わったくらいで、式の形は同じですが、使う分布が異なります。t検定では、t値が自由度$n-1$のt分布に従うことを利用して検定するのです。

t分布は正規分布と似たような形をしていました。そして、自由度$n-1$によって分布の形が変わり、自由度が増えると正規分布に近くなるという特徴がありました。これを検定に使うのがt検定です。

今回は帰無仮説が成り立つことを仮定して、t分布で棄却域を設定します。有意水準5%で両側検定を使います。ただし、t分布での棄却域は、自由度$n-1$がないと決まりません。

実際にエアコンを1週間使って、室温を毎日測定してみたところ、**表5.3**の結果が得られました。

●表5.3　エアコンの室温履歴●

日付	8/1	8/2	8/3	8/4	8/5	8/6	8/7
室温〔℃〕	25.1	23.9	25.2	24.6	24.3	24.8	23.8

この7つのデータから棄却域を設定します。t分布の棄却域を設定するには、t.ppfとqt関数を使います。

```Python
from scipy.stats import t

data = [25.1, 23.9, 25.2, 24.6, 24.3, 24.8, 23.8]
n = len(data)

[t.ppf(0.025, n - 1), t.ppf(0.975, n - 1)]
```

```
[-2.446911848791681, 2.4469118487916806]
```

```R
data <- c(25.1, 23.9, 25.2, 24.6, 24.3, 24.8, 23.8)
n <- length(data)

c(qt(0.025, n - 1), qt(0.975, n - 1))
```

```
-2.44691185114497 2.44691185114497
```

この棄却域に入れば、帰無仮説が棄却されます。

それでは、z 検定と同様に計算してみましょう。まずは標本平均と不偏分散を求めてみます。

```Python
import numpy as np

m = np.mean(data)
var = np.var(data, ddof=1)
[m, var]
```

```
[24.528571428571432, 0.305714285714286]
```

```R
m <- mean(data)
var <- var(data)
c(m, var)
```

```
24.5285714285714 0.305714285714286
```

その上で、t 値を求めてみましょう。

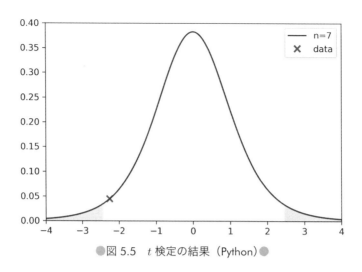

●図 5.5　t 検定の結果（Python）●

　t 分布は標本数が多くなると正規分布に近づきますので、標本の数が 30 個以上のように多い場合は、どちらを使っても問題ありません。

　なお、Python には Scipy の stats モジュールに ttest_1samp というメソッドが用意されています。引数として、データと母平均の値を指定すると、t 値と p 値を返します。

```Python
from scipy import stats

data = [25.1, 23.9, 25.2, 24.6, 24.3, 24.8, 23.8]

stats.ttest_1samp(data, 25.0)
```

```
Ttest_1sampResult(statistic=-2.2558335591813714, pvalue=0.06491868638570067)
```

　これを見ると、統計量が約 -2.25、p 値が約 0.06 と求められています。この stats.ttest_1samp で求めた値は両側検定での確率なので、p 値は stats.t.cdf で求めた値の 2 倍になっているのです。

　ここからも、今回の p 値が $p > 0.05$ なので帰無仮説が棄却されないことがわかります。普段はこのような関数を使うとよいでしょう。

　同様の処理を R でも実装してみます。なお、R には t.test という関数が用意されており、次のように書けます。

```R
X <- c(25.1, 23.9, 25.2, 24.6, 24.3, 24.8, 23.8)
t.test(X, mu=25, conf.level=0.95)
```

```
        One Sample t-test

data:  X
t = -2.2558, df = 6, p-value = 0.06492
alternative hypothesis: true mean is not equal to 25
95 percent confidence interval:
 24.01721 25.03993
sample estimates:
mean of x
 24.52857
```

5.2.2　片側検定

■ どちらかに偏っていることを検定

　両側検定では、生産にかかる時間が速くなっているか遅くなっているかわからない、室温がエアコンの設定温度通りになっているかわからない、という前提で検定を行いました。しかし、実際にはどちらかに偏っていることを検定したいことがあります。

　例えば、エアコンが効きすぎて設定温度より低い温度になっている気がする、という状況です。実際、次のような3つの対立仮説が考えられます。

　1. エアコンの設定温度より高いか低い　→　両側検定
　2. エアコンの設定温度より高い　→　片側検定
　3. エアコンの設定温度より低い　→　片側検定

　このように、対立仮説をどのように定めるかによって、選ぶ棄却域の設定が変わってきます。ここで、対立仮説は「自分の主張」だと紹介したように、対立仮説を定める側がどの棄却域を設定するか選べます。

　つまり、いいたいことがどれなのかによって、対立仮説を定め、それによって棄却域を設定することが重要です。そして、これを事前に決めておくのです。

■ 片側検定で調べる

　では、紹介したエアコンの設定温度の例を片側検定で調べてみましょう。設定温度を25

℃にした場合、帰無仮説は $\mu = 25.0$、対立仮説は $\mu < 25.0$ となります。これを有意水準5%で片側検定することにします。

今回の棄却域は、次のように求められます。

```Python
t.ppf(0.05, n - 1)
```

```
-1.9431802803927818
```

```R
qt(0.05, n - 1)
```

```
-1.9431802805153
```

つまり、-1.94 よりも小さいと棄却域に入ります。

今回、標本平均と不偏分散は同じなので、t 値も変わりません。前節の t 値を確認すると、-2.25 くらいでした。つまり、今回は棄却域に入っています。

累積分布関数の値も同様に、次のように求められます。

```Python
t.cdf(t_value, n - 1)
```

```
0.032459343192850335
```

```R
pt(t_value, n - 1)
```

```
0.0324593431928496
```

片側検定なので、これが 0.05 より小さいと棄却域に入ったと判断できます。今回は入っていそうです。

そして、実際に t 分布のグラフに棄却域を設定して描画してみましょう（**図5.6**）。

```Python
from matplotlib import pyplot as plt

x = np.linspace(-4, 4, 1000)
```

```
fig, ax = plt.subplots(1, 1)

# t 分布を描画
ax.plot(x, t.pdf(x, n - 1), linestyle='-', label='n='+str(n))

# 今回の t 値を表示
ax.plot(
        t_value, p_value, 'x', color='red', markersize=7,
        markeredgewidth=2, alpha=0.8, label='data'
)

# 棄却域を描画
bottom, up = t.interval(0.90, n - 1)
plt.fill_between(
        x, t.pdf(x, n - 1), 0, where=(x<=bottom),
        facecolor='black', alpha=0.1
)

plt.xlim(-4, 4)
plt.ylim(0, 0.4)

plt.legend()
plt.show()
```

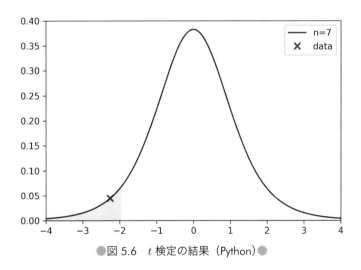

●図 5.6　*t* 検定の結果（Python）●

　今度は、棄却域に入っています。棄却域の範囲が変わったため、有意水準 5%で帰無仮説が棄却され、対立仮説が採択されたのです。つまり、このエアコンは設定温度より低く

なっている、といえそうです。

このように、対立仮説の設定によって棄却域が変わり、結果が変わるので、事前に対立仮説や有意水準を定めておくことが重要です。

■ 例題

検定の手法に慣れるため、もう少し練習してみましょう。ここでは、ある配送会社に配達を依頼する場面を考えます。この会社では、「配送にかかる平均時間は 72 時間」だと主張しています。

しかし、あなたは現実にはもっとかかっているのではないかと疑っています。そこで、実際に 10 回試しに発送したところ、その平均時間は 75 時間でした。このことから、配送の平均時間はもっとかかっているといえるか、検定してみましょう。

配送時間の分布は母分散 8.0^2 の正規分布とし、有意水準 5% で検定することにします。

帰無仮説は「平均時間は 72 時間である」、対立仮説は「平均時間は 72 時間より長い」とします。帰無仮説のもとでは、配送にかかる時間の分布は平均が 72、分散が $\frac{8.0^2}{10}$ の正規分布になっていると考えられます。

今回は有意水準が 5% なので、上側 5% を棄却域として設定します。

```Python
from scipy.stats import norm

norm.ppf(0.95)
```

```
1.6448536269514722
```

```R
qnorm(0.95)
```

```
1.64485362695147
```

つまり、z 値が 1.64 より大きければ、帰無仮説が棄却され、対立仮説が採択されます。

```Python
import numpy as np

m = 75
n = 10
```

```
var = 8.0 ** 2

z_value = (m - 72) / np.sqrt(var / n)
[z_value, norm.cdf(z_value)]
```

```
[1.1858541225631423, 0.8821600432854813]
```

R

```
m <- 75
n <- 10
var <- 8.0 ** 2

z_value <- (m - 72) / sqrt(var / n)
c(z_value, pnorm(z_value))
```

```
1.18585412256314 0.882160043285481
```

　今回は z 値が 1.18 と 1.64 より小さいため、棄却域に入っていません。累積分布関数の値も 0.88 と、0.95 より小さく、帰無仮説は棄却されません。つまり、配送にかかる平均時間が 72 時間より長いかどうかはわからないことになります。

[5.3]
対応のあるデータ、対応のないデータを検定する
～t検定の応用

5.3.1　対応のあるデータ

■同じ人の結果を比べる

　前節では、1つの母集団から取り出した標本に対して平均を検定しました。ここでは、母集団が2つある場合に、それらの平均を比較することを考えてみます。

　まずは同じ人や物が複数の母集団に入っていて、それが対応している状況での検定方法を紹介します。例えば、ある講義において、勉強前と勉強後にテストを実施したとします。この2つのテスト結果に差があるか（講義の効果があるか）を調べてみます。つまり、同じ人における講義前後の成績を比較する、といった状況です。

　講義前後のテストの点数が**表5.4**のようになったとします。

●表5.4　講義前後のテストの点数比較●

生徒	A	B	C	D	E	F	G	H
講義前	80	75	63	88	91	58	67	72
講義後	82	86	61	90	95	62	71	80

　この表をもとに、平均点に差があるか調べることにします。帰無仮説は「成績が変わらなかった」、対立仮説は「成績が良くなった」といえます。この対立仮説から、片側検定を使えそうです。今回は、講義前と講義後の2つの母集団がありますが、これは**表5.5**のように点数の差を求めることもできます。

●表 5.5　講義前後の点数の差●

生徒	A	B	C	D	E	F	G	H
差	2	11	−2	2	4	4	4	8

　このデータを見ると、1つの母集団と考えても良さそうです。つまり、帰無仮説として「差が0である」、対立仮説として「差が0より大きい」と設定するのです。

　このように考えれば、前節で紹介した平均の検定が使えそうです。つまり、t 検定を使い、有意水準 5% で検定したとき、$p < 0.05$ なら帰無仮説を棄却して対立仮説を採択します。

　まずは棄却域を設定します。

Python

```python
from scipy.stats import t

data = [2, 11, -2, 2, 4, 4, 4, 8]
n = len(data)

t.ppf(0.95, n - 1)
```

```
1.894578605061305
```

R

```r
data <- c(2, 11, -2, 2, 4, 4, 4, 8)
n <- length(data)

qt(0.95, n - 1)
```

```
1.89457860509001
```

　まず、この差の平均と不偏分散を計算します。

Python

```python
import numpy as np

m = np.mean(data)
var = np.var(data, ddof=1)
[m, var]
```

```
[4.125, 15.553571428571429]
```

R

```R
m <- mean(data)
var <- var(data)
c(m, var)
```

```
4.125 15.5535714285714
```

その上で、t 値を求めてみましょう。今回は差が 0 かどうか調べたいので、分子は標本平均だけで計算できます。

Python

```python
t_value = m / np.sqrt(var / n)
t_value
```

```
2.9583794862804544
```

R

```R
t_value <- m / sqrt(var / n)
t_value
```

```
2.95837948628045
```

今回は棄却域に入っており、帰無仮説が棄却されます。

次に、確率密度関数の値を求めてみましょう。

Python

```python
p_value = t.pdf(t_value, n - 1)
p_value
```

```
0.015014104013924749
```

R

```R
p_value <- dt(t_value, n - 1)
p_value
```

```
0.0150141040139247
```

累積分布関数の値は、次のようになりました。

Python

```
t.cdf(t_value, n - 1)
```

```
0.9894231697839247
```

R

```
pt(t_value, n - 1)
```

```
0.989423169783925
```

今回は上側なので、$p > 0.95$ を満たしており、棄却域に入っていることが確認できます。
では実際に、t 分布のグラフのどこに位置するのか見てみましょう（**図 5.7**）。

Python

```
from matplotlib import pyplot as plt

x = np.linspace(-4, 4, 1000)
fig, ax = plt.subplots(1, 1)

# t 分布を描画
ax.plot(x, t.pdf(x, n - 1), linestyle='-', label='n='+str(n))

# 今回の t 値を表示
ax.plot(
        t_value, p_value, 'x', color='red', markersize=7,
        markeredgewidth=2, alpha=0.8, label='data'
)

# 棄却域を描画
bottom, up = t.interval(0.90, n - 1)
plt.fill_between(
        x, t.pdf(x, n - 1), 0, where=(x>=up),
        facecolor='black', alpha=0.1
)
```

```
plt.xlim(-4, 4)
plt.ylim(0, 0.4)

plt.legend()
plt.show()
```

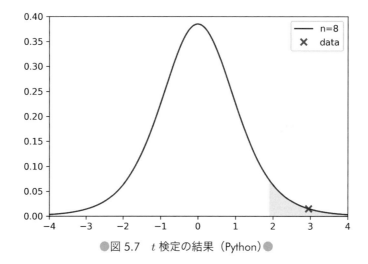

●図 5.7　t 検定の結果（Python）●

このように、棄却域に入っていることが確認できました。「平均の差が 0 より大きい」、つまり「成績が良くなった」といえます。

■ 実用上の便利な関数

前述では数学的な手法を順にたどって検定を行いましたが、実務でこの作業を実施するのは面倒です。そこで、Python や R に用意されている便利な関数を使います。

例えば、SciPy の stats モジュールには、ttest_rel というメソッドも用意されています。これを使えば、対応のある t 検定を行うときに、差を求めることなく検定ができます。

```Python
from scipy import stats

before = [80, 75, 63, 88, 91, 58, 67, 72]
after = [82, 86, 61, 90, 95, 62, 71, 80]

stats.ttest_rel(before, after)
```

```
Ttest_relResult(statistic=-2.9583794862804544, pvalue=0.02115366043215051)
```

同様に、R でも対応のある t 検定ができ、t.test 関数に paired=T という引数を追加して実行するだけです。

```R
before <- c(80, 75, 63, 88, 91, 58, 67, 72)
after <- c(82, 86, 61, 90, 95, 62, 71, 80)

t.test(x=before, y=after, paired=T)
```

```
        Paired t-test

data:  before and after
t = -2.9584, df = 7, p-value = 0.02115
alternative hypothesis: true difference in means is not equal to 0
95 percent confidence interval:
 -7.4221007 -0.8278993
sample estimates:
mean of the differences
               -4.125
```

ここでも、p 値は上記で求めた値の 2 倍になっています。

5.3.2　対応のないデータ

■対応のない 2 群での差

対応のあるデータでは、同じ人や物を対比して考えましたが、実際には対比できない場合もあります。例えば、20 代と 30 代の年収の差や、薬 A と薬 B を投与したときに効果を発揮するまでの日数の差など、いくつも考えられます。

そこで、2 つの母集団から取得した標本の標本平均に差があったときに、その母集団の母平均に差があるといえるかを検討する場面を考えてみましょう。このとき、母集団の分散の違いによって、計算式が変わってきますので、それぞれについて紹介します。

■等分散を仮定する場合

まず、複数の母集団が同じ母分散であると仮定し、その平均に差があるか調べてみます。例えば、ある学校の 1 組と 2 組で数学のテストを実施し、それぞれの平均点に差があるか

調べる、といった場合です。

　多くの場合、テストの点数のようなものは教科によって分散の違いはあるものの、同じ教科であればそれほど違いがないと考えられます。つまり、平均は違うけれど、分散は似たようなものだと仮定できます。また、それぞれの点数が正規分布に従うとします。

　ここで、同じ母分散をもつ2つの母集団があり、それぞれから n_1, n_2 個の標本を抽出したとします（それぞれの標本平均を $\overline{x_1}$, $\overline{x_2}$、不偏分散を s_1^2, s_2^2 とする）。このとき、次の式で表される統計量 t が自由度 $n_1 + n_2 - 2$ の t 分布に従うことが知られています。

$$t = \frac{\overline{x_1} - \overline{x_2}}{\sqrt{\left(\dfrac{1}{n_1} + \dfrac{1}{n_2} \right) \dfrac{(n_1 - 1)s_1^2 + (n_2 - 1)s_2^2}{n_1 + n_2 - 2}}}$$

　今回は、2つの畑で収穫した野菜の大きさを比べてみると、**表5.6**のようなデータが得られました。このとき、母集団は正規分布で、分散が等しいと仮定します。

●表 5.6　野菜の大きさ（単位：cm）●

畑 1	15	18	17	18	19	17	16	20	19	14
畑 2	17	20	15	18	16	15	17	18		

　畑1の野菜は畑2の野菜より大きいといえるか、有意水準5%で検定します。帰無仮説は「畑1と畑2の大きさが等しい」、対立仮説は「畑1の方が畑2よりも野菜が大きい」と設定します。

　畑 A から 10 個、畑 B から 8 個取り出しているため、自由度 $10 + 8 - 2 = 16$ の t 分布に従います。

　この上側 5% を棄却域と設定します。

```Python
from scipy.stats import t

x_1 = [15, 18, 17, 18, 19, 17, 16, 20, 19, 14]
x_2 = [17, 20, 15, 18, 16, 15, 17, 18]

n_1 = len(x_1)
n_2 = len(x_2)

t.ppf(0.95, n_1 + n_2 - 2)
```

```
1.74588367627624
```

```R
x_1 <- c(15, 18, 17, 18, 19, 17, 16, 20, 19, 14)
x_2 <- c(17, 20, 15, 18, 16, 15, 17, 18)

n_1 <- length(x_1)
n_2 <- length(x_2)

qt(0.95, n_1 + n_2 - 2)
```

```
1.74588367627625
```

これより、上側 5%の棄却域は 1.74 より大きな値となります。

次に、標本平均と不偏分散を求めてみます。

```Python
import numpy as np

m_1 = np.mean(x_1)
m_2 = np.mean(x_2)
s_1 = np.var(x_1, ddof=1)
s_2 = np.var(x_2, ddof=1)

[m_1, m_2, s_1, s_2]
```

```
[17.3, 17.0, 3.566666666666667, 2.857142857142857]
```

```R
m_1 <- mean(x_1)
m_2 <- mean(x_2)
s_1 <- var(x_1)
s_2 <- var(x_2)

c(m_1, m_2, s_1, s_2)
```

```
17.3 17 3.56666666666667 2.85714285714286
```

この上で、t 値を求めてみましょう。今回は差が 0 より大きいかどうか調べたいので、分子は標本平均だけで計算できます。

```python
t_value = (m_1 - m_2) / np.sqrt(
    (1 / n_1 + 1 / n_2) *
    ((n_1 - 1) * s_1 + (n_2 - 1) * s_2) /
    (n_1 + n_2 - 2)
)
t_value
```

```
0.35048636347065965
```

R

```r
t_value <- (m_1 - m_2) / sqrt(
    (1 / n_1 + 1 / n_2) *
    ((n_1 - 1) * s_1 + (n_2 - 1) * s_2) /
    (n_1 + n_2 - 2)
)
t_value
```

```
0.35048636347066
```

このように、t 値を求められました。棄却域に入っていないため、棄却されないことがわかります。

では、確率密度関数の値を求めましょう。

Python

```python
from scipy.stats import t

p_value = t.pdf(t_value, n_1 + n_2 - 2)
p_value
```

```
0.368040134751903
```

R

```r
p_value <- dt(t_value, n_1 + n_2 - 2)
p_value
```

```
0.368040134751903
```

累積分布関数の値は、次のようになりました。

```python
t.cdf(t_value, n_1 + n_2 - 2)
```

```
0.6347272729659612
```

```r
pt(t_value, n_1 + n_2 - 2)
```

```
0.634727272965961
```

今回は上側なので、$p > 0.95$ を満たしておらず、棄却されません。つまり、畑 1 の野菜が畑 2 の野菜より大きいかどうかはわからないことになります。

■ 実用上の便利な関数

Python で対応のない t 検定を行うには、`scipy.stats.ttest_ind` という関数を使います。

```python
from scipy import stats

x_1 = [15, 18, 17, 18, 19, 17, 16, 20, 19, 14]
x_2 = [17, 20, 15, 18, 16, 15, 17, 18]

stats.ttest_ind(x_1, x_2)
```

```
Ttest_indResult(statistic=0.35048636347065965, pvalue=0.7305454540680775)
```

R で t 検定を行うには、「`t.test`」という関数に `var.equal=T` という引数を指定して実行します。

```r
x_1 <- c(15, 18, 17, 18, 19, 17, 16, 20, 19, 14)
x_2 <- c(17, 20, 15, 18, 16, 15, 17, 18)

t.test(x_1, x_2, var.equal=T)
```

```
        Two Sample t-test

data:  x_1 and x_2
```

```
t = 0.35049, df = 16, p-value = 0.7305
alternative hypothesis: true difference in means is not equal to 0
95 percent confidence interval:
 -1.51454  2.11454
sample estimates:
mean of x mean of y
     17.3      17.0
```

　なお、この節で解説したのはあくまでも「等分散が仮定できる場合」です。「等分散が仮定できない場合」については、後述する「5.6.1 分散が等しくない母集団の平均の検定」にある「ウェルチの検定」の項目を参照してください。

[5.4]

分散を検定する
~χ^2 検定と F 検定

5.4.1　分散の値を検定する

■χ^2 検定を使う

　前節までは平均について検定を行ってきました。しかし、平均を調べるだけでは不十分なことは第 2 章で紹介した通りです。

　平均が同じであっても、その分布を見るとばらつきが違うことがわかります。そこで、ばらつきの指標である分散や標準偏差についても検定を考える必要があります。まずは、ある母集団から取り出したデータの分散について検定する場面を考えてみましょう。

　例えば、あるお店で商品の提供までにかかっていた時間の分散が 30 だったとします。今日のスタッフで商品の提供にかかっている時間の分散がこれまでと違うのか、有意水準 10% で検定してみます。

　このとき、提供時間の分布は正規分布に従うものとします。母分散を σ^2、不偏分散を s^2 とすると、帰無仮説は $\sigma^2 = s^2$、対立仮説は $\sigma^2 \neq s^2$ です。

　標本を $x_1, x_2, \ldots, x_n$ とするとき、次の式で求められる統計量が自由度 $n-1$ の χ^2 分布（カイ 2 乗分布）に従うことが知られています。

$$X^2 = \frac{1}{\sigma^2} \sum_{k=1}^{n} (x_k - \bar{x})^2 = \frac{(n-1)s^2}{\sigma^2}$$

　χ^2 分布は自由度によって分布が異なり、自由度が増えると正規分布に近づいていきます。例えば、自由度 3, 5, 10, 20 の χ^2 分布は**図 5.8** のようになります。また、今日のスタッフでの商品提供時間が**表 5.7** だったとします。

　今回は標本数が 10 なので、自由度 9 の χ^2 分布で、左側と右側のそれぞれのパーセント点を計算し、棄却域を設定します。棄却域は次の処理により、3.3 より小さいか、16.9 より

大きい範囲になりました。

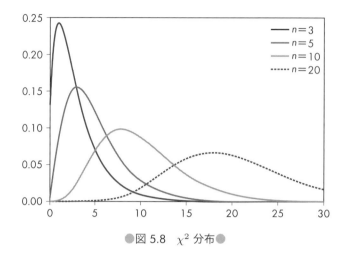

●図 5.8　χ^2 分布●

●表 5.7　商品提供時間のデータ（単位：秒）●

商品提供時間（秒）	31	42	29	51	45	42	37	48	39	50

```Python
from scipy.stats import chi2

chi2.interval(0.90, 9)
```

```
(3.325112843066815, 16.918977604620448)
```

```R
c(qchisq(0.05, 9), qchisq(0.95, 9))
```

```
3.32511284306681 16.9189776046205
```

まずは今回の統計量を計算しましょう。

```Python
import numpy as np

data = [31, 42, 29, 51, 45, 42, 37, 48, 39, 50]
n = len(data)
```

```
chi_value = (n - 1) * np.var(data, ddof=1) / 30
chi_value
```

```
17.013333333333332
```

```
data <- c(31, 42, 29, 51, 45, 42, 37, 48, 39, 50)
n <- length(data)

chi_value <- (n - 1) * var(data) / 30
chi_value
```

```
17.0133333333333
```

　このように、棄却域に入っていることがわかります。つまり、帰無仮説は棄却され、商品の提供にかかっている時間の分散がこれまでと違うといえます。

　実際に、分布を描いてみましょう。

Python

```
from matplotlib import pyplot as plt
import numpy as np
from scipy.stats import chi2

p_value = chi2.pdf(chi_value, n - 1)

x = np.linspace(0, 20, 1000)
fig, ax = plt.subplots(1, 1)

# カイ2乗分布を描画
ax.plot(x, chi2.pdf(x, n - 1), linestyle='-', label='n=' + str(n - 1))

# 今回の統計量を表示
ax.plot(
        chi_value, p_value, 'x', color='red', markersize=7,
        markeredgewidth=2, alpha=0.8, label='data'
)

# 棄却域を描画
```

```
bottom, up = chi2.interval(0.90, n - 1)
plt.fill_between(
        x, chi2.pdf(x, n - 1), 0, where=(x>=up)|(x <= bottom),
        facecolor='black', alpha=0.1
)

plt.xlim(0, 20)
plt.ylim(0, 0.12)

plt.legend()
plt.show()
```

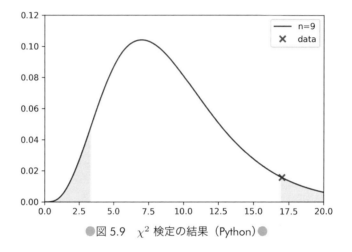

●図 5.9　χ^2 検定の結果（Python）●

■ **例題**

　ある店舗で顧客アンケートを実施したところ、これまでの評価の分布は平均 50、分散 28 でした。今年も 30 人の顧客に対し、例年と同じアンケートを実施した結果、評価の分布が平均 55、分散 43 となりました。評価のばらつきが変わったか、有意水準 10% で検定してみましょう。

　帰無仮説は $\sigma = 28$、対立仮説は $\sigma \neq 28$ と設定できます。χ^2 分布での棄却域は、次のように求められます。

`Python`
```
chi2.interval(0.90, 29)
```

```
(17.70836618282458, 42.55696780429269)
```

R

```
c(qchisq(0.05, 29), qchisq(0.95, 29))
```

```
17.7083661828246 42.5569678042927
```

そして、χ^2 値を求めてみましょう。

$$\chi^2 = \frac{(n-1)s^2}{\sigma_0^2} = \frac{29 \times 43}{28} = 44.54$$

これは棄却域に入っているため、有意水準 10% で棄却されます。つまり、評価のばらつきが変わったと判断できます。

5.4.2 複数の母集団のばらつきを比べる

■ F 検定で母分散に差があるか検定する

F **検定**は、「等分散の検定」ともいわれ、複数の母集団に対する分散に差があるのかの確認に使います。このときの統計量として、F **値**という値を使います。

2 つの母集団があり、それぞれから n_1 個、n_2 個の標本を取り出したときの不偏分散を s_1^2, s_2^2 とすると、F 値は次の式で表されます。

$$F = \frac{s_1^2}{s_2^2}$$

このように、F 値 は分散の比なので、1 と比較します。このとき、$s_1^2 > s_2^2$ という条件があります。そして、分母・分子ともに 2 乗の値なので、F 値 が 0 より小さくなることはありません。なお、分散の比なので、標本の数を合わせる必要はありません。一方が 20 件で、もう一方が 30 件でも、問題ありません。そして、このとき F 値は自由度 (n_1, n_2) の F 分布に従うことが知られています。

例えば、EC ショップなどを作成するとき、複数のデザインを試して、どちらの方が売上が多いか、などを確認する方法に A/B テスト（**図 5.10**）があります。A と B という 2 つの案があることから名付けられた名前で、利用者のアクセスを自動的にバランスよく振り分け、その購入率などを調べます。利用者は複数のデザインがあることに気づきませんが、サービスを提供している管理者側はそれぞれの結果を見て判断できます。ここでは、売上額の分散を比較し、デザインによる差があるか検定してみます。

デザインA　　　　　　　　　　　　　　　　デザインB

どちらのデザインが
購入率が高いか？

●図 5.10　A/B テスト●

　表 5.8 のように複数のデザインでの売上高が与えられたとき、有意水準 10% でその分散に差があるか調べてみましょう。F 検定での帰無仮説は「母分散が等しい」、対立仮説は「母分散に差がある」といえます。

●表 5.8　デザイン別の売上高の比較●

デザイン A	1400	1800	1100	2500	1300	2200	1900	1600
デザイン B	1500	1800	2200	1200	2000	1700		

　この検定で使用するのは F 分布で、自由度はそれぞれのサンプル数から 1 を引いたものです。今回の場合は、デザイン A が 8 個、デザイン B が 6 個なので、自由度は 7 と 5 を使います。

　F 分布は χ^2 分布と同様に左右非対称なので、上下それぞれのパーセント点を求めて、その外側を棄却域に設定します。

```Python
from scipy.stats import f

a = [1400, 1800, 1100, 2500, 1300, 2200, 1900, 1600]
b = [1500, 1800, 2200, 1200, 2000, 1700]

n_1 = len(a)
n_2 = len(b)

[f.ppf(0.05, n_1 - 1, n_2 - 1), f.ppf(0.95, n_1 - 1, n_2 - 1)]
```

```
[0.25179256473579126, 4.875871695833996]
```

```R
a <- c(1400, 1800, 1100, 2500, 1300, 2200, 1900, 1600)
b <- c(1500, 1800, 2200, 1200, 2000, 1700)

n_1 <- length(a)
n_2 <- length(b)

c(qf(0.05, n_1 - 1, n_2 - 1), qf(0.95, n_1 - 1, n_2 - 1))
```

```
0.251792564735791 4.875871695834
```

図 5.11 は、自由度が $(7, 5)$ の F 分布で、下側 5%、上側 5%の棄却域が示されています。

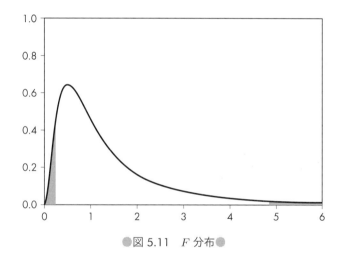

●図 5.11　F 分布●

今回の F 値 を求めてみましょう。

```Python
import numpy as np

s_a = np.var(a, ddof=1)
s_b = np.var(b, ddof=1)

f_value = s_a / s_b
f_value
```

```
1.7537593984962407
```

```R
s_a <- var(a)
s_b <- var(b)

f_value <- s_a / s_b
f_value
```

```
1.75375939849624
```

このように、F 値が棄却域に入らないことから、帰無仮説は棄却されません。実際に、F 分布のどのあたりにあるのか調べてみましょう（**図 5.12**）。

```Python
from matplotlib import pyplot as plt
import numpy as np

p_value = f.pdf(f_value, n_1 - 1, n_2 - 1)

x = np.linspace(0, 6, 1000)
fig, ax = plt.subplots(1, 1)

# F 分布を描画
ax.plot(x, f.pdf(x, n_1 - 1, n_2 - 1), linestyle='-', label='F')

# 今回の F 値を表示
ax.plot(
        f_value, p_value, 'x', color='red', markersize=7,
        markeredgewidth=2, alpha=0.8, label='data'
)

# 棄却域を描画
bottom, up = f.interval(0.90, n_1 - 1, n_2 - 1)
plt.fill_between(
        x, f.pdf(x, n_1 - 1, n_2 - 1), 0, where=(x>=up)|(x<=bottom),
        facecolor='black', alpha=0.1
)

plt.xlim(0, 6)
plt.ylim(0, 1)

plt.legend()
```

```
plt.show()
```

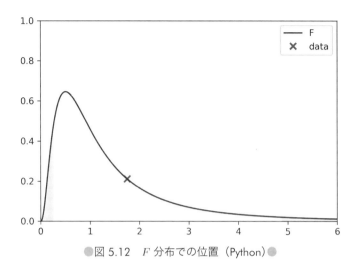

●図 5.12　F 分布での位置（Python）●

つまり、売上額の分散に差があるかどうかわからない、ということになります。

■ 実用上の便利な関数

前述のように簡単に計算できますが、R では var.test という関数が用意されています。

R

```
var.test(a, b)
```

```
        F test to compare two variances

data:  a and b
F = 1.7538, num df = 7, denom df = 5, p-value = 0.5551
alternative hypothesis: true ratio of variances is not equal to 1
95 percent confidence interval:
 0.2559084 9.2690338
sample estimates:
ratio of variances
         1.753759
```

F 値だけでなく p 値も表示されており、これが 5% を超えているため、有意水準 5% で帰無仮説が棄却されないことがわかります。

独立であるか検定する
～χ^2検定

5.5.1　クロス集計

■ χ^2 検定で独立性を調べる

　「3.3.1 件数や合計を集計」でも紹介したように、Excel の便利な機能として**ピボットテーブル**があります。データを複数の軸で集計する機能で、**クロス集計**と呼びました。

　ここでは、**図 5.13** のようなデータがあったとします。これは、あるサイトに対してメールから訪問した人と、広告から訪問した人が、それぞれ商品を購入したかどうかを表したものです。

　この左側の表に対して、ピボットテーブルでクロス集計したものが中央の表です。この

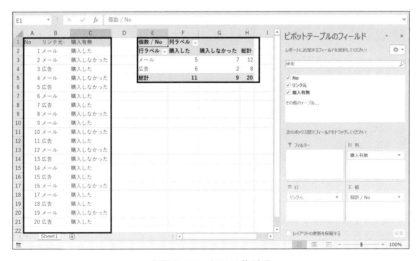

●図 5.13　クロス集計●

ようにデータをクロス集計し、関係の有無を調べます。つまり、メールを送る方がよいのか、広告を出すのがよいのか、調べようというものです。

ここで、もしリンク元に関係なく購入されるのであれば、購入される割合は同じになるはずです。これを**期待度数**といいます。期待度数と大きく異なる値になっていれば、リンク元との間になんらかの関係がありそうだと判断できます。

そこで、帰無仮説は「メールと広告は独立である（関連がない）」、対立仮説は「メールと広告は独立でない（関連がある）」と設定できます。これを有意水準 5% で検定することにします。

まずはリンク元に関係なく、購入した割合を調べてみましょう。

今回の場合、全体で 20 人のうち、11 人が購入しています。つまり、$\frac{11}{20}$ の確率で購入していることになります。もしリンク元に関係なく購入されるのであれば、メールから購入する人は $12 \times \frac{11}{20} = 6.6$ 人になると計算できます。他も同様に計算すると、**表 5.9** の期待度数が得られます。

●表 5.9　期待度数●

	購入した	購入しなかった	合計
メール	6.6	5.4	12
広告	4.4	3.6	8
合計	11	9	20

さらに、期待度数とのズレを次の式で計算すると、**表 5.10** のような結果が得られます。

$$\frac{(\text{元データ} - \text{期待度数})^2}{\text{期待度数}}$$

●表 5.10　期待度数との差●

	購入した	購入しなかった
メール	0.387	0.474
広告	0.582	0.711

この表の数値の和を**カイ二乗値**といい、χ^2 と書きます。この和が大きければ、それだけ期待度数との差が大きいことを意味します。今回の場合、$\chi^2 = 0.387 + 0.474 + 0.582 + 0.711 = 2.154$ となりました。

一般に、m 行 n 列の表の場合、自由度は $(m-1)(n-1)$ となります。これは、自由度という言葉を解説するときに使った「合計が決まると残りが自動的に決まる」ということと

同じです（図4.9）。今回も、縦横の合計が決まっていると、自由に動かせるところは行数、列数よりも1だけ小さくなるのです（**図5.14**）。

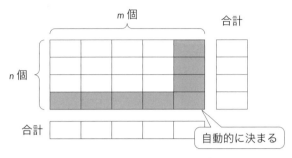

●図 5.14　χ^2 検定での自由度●

χ^2 と書くことからもわかるように、これも χ^2 分布を使って検定するので、**χ^2 検定**といいます。今回の場合、2行2列なので、自由度は1です。カイ二乗分布で、自由度が1の場合の棄却域を調べてみます。

```Python
from scipy.stats import chi2

chi2.interval(0.95, 1)
```

```
(0.0009820691171752583, 5.023886187314888)
```

```R
c(qchisq(0.025, 1), qchisq(0.975, 1))
```

```
0.000982069117175256 5.02388618731488
```

棄却域に入っていないため、棄却されません。

では、上記の χ^2 値を使って、p 値を計算してみましょう。

Python では scipy.stats.chi2_contingency という関数があります。

```Python
import scipy.stats as st

data = [[5, 7], [6, 2]]
st.chi2_contingency(data, correction=False)
```

```
(2.1548821548821544,
 0.1421173468226269,
 1,
 array([[6.6, 5.4],
        [4.4, 3.6]]))
```

この 1 つ目が χ^2 値、2 つ目が p 値、3 つ目が自由度、4 つ目が期待度数です。同様に、R でも実行してみましょう。

R

```
m <- matrix(c(5, 7, 6, 2), nrow=2, byrow=T)
chisq.test(m, correct=F)
```

```
        Pearson's Chi-squared test

data:  m
X-squared = 2.1549, df = 1, p-value = 0.1421
```

p 値が 0.05 を上回っているため、帰無仮説は棄却されないことを確認できます。つまり、メールと広告に関連があるかはわからないことになります。

5.5.2　比率の検定

■ 理論値が一様な場合の検定

この章の最初で紹介した、サイコロの目の出現比率を考えたときのように、いくつかの事象のそれぞれの出現比率が、想定した比率と異なっているかどうかを見分ける検定方法を**適合度検定**といいます。この検定では、標本数が n のとき、算出される χ^2 値が自由度 $n-1$ のカイ二乗分布に従うことを利用します。

例えば、あるお店の売上が曜日によって異なるのかを検定してみましょう（**表 5.11**）。

●表 5.11　曜日別の売上高●

曜日	日	月	火	水	木	金	土	計
売上高	31	16	14	15	13	22	29	140

帰無仮説は「売上高の曜日による差はない」、対立仮説は「曜日により差がある」と設定できます。この帰無仮説のもとでは、どの曜日も一様な出現比率になるはずなので、想定される比率はそれぞれ $\dfrac{140}{7} = 20$ です。このとき、χ^2 値は次のように計算できます。

$$\chi^2 = \frac{(31-20)^2}{20} + \frac{(16-20)^2}{20} + \frac{(14-20)^2}{20} + \frac{(15-20)^2}{20}$$
$$+ \frac{(13-20)^2}{20} + \frac{(22-20)^2}{20} + \frac{(29-20)^2}{20}$$
$$= \frac{121 + 16 + 36 + 25 + 49 + 4 + 81}{20}$$
$$= 16.6$$

自由度は $7 - 1 = 6$ です。カイ二乗分布で、自由度が 6 の場合の有意水準 10% での棄却域を調べてみます。

Python

```python
from scipy.stats import chi2

chi2.interval(0.90, 6)
```

```
(1.6353828943279065, 12.591587243743977)
```

R

```r
c(qchisq(0.05, 6), qchisq(0.95, 6))
```

```
1.63538289432791 12.591587243744
```

実際に χ^2 値を計算してみましょう。

Python

```python
import numpy as np

data = [31, 16, 14, 15, 13, 22, 29]
m = np.mean(data)

chi_value = sum([((i - m) ** 2) / m for i in data])
chi_value
```

```
16.6
```

R

```r
data <- c(31, 16, 14, 15, 13, 22, 29)
m <- mean(data)
```

```
chi_value <- sum((data - m) ** 2 / m)
chi_value
```

16.6

次に、χ^2 分布での統計量を表示し、グラフに描いてみます（**図 5.15**）。

Python
```python
from matplotlib import pyplot as plt
import numpy as np
from scipy.stats import chi2

n = len(data)
p_value = chi2.pdf(chi_value, n - 1)

x = np.linspace(0, 20, 1000)
fig, ax = plt.subplots(1, 1)

# カイ 2 乗分布を描画
ax.plot(x, chi2.pdf(x, n - 1), linestyle='-', label='n=' + str(n - 1))

# 今回の統計量を表示
ax.plot(
        chi_value, p_value, 'x', color='red', markersize=7,
        markeredgewidth=2, alpha=0.8, label='data'
)

# 棄却域を描画
bottom, up = chi2.interval(0.90, n - 1)
plt.fill_between(
        x, chi2.pdf(x, n - 1), 0, where=(x>=up)|(x <= bottom),
        facecolor='black', alpha=0.1
)

plt.xlim(0, 20)
plt.ylim(0, 0.15)

plt.legend()
plt.show()
```

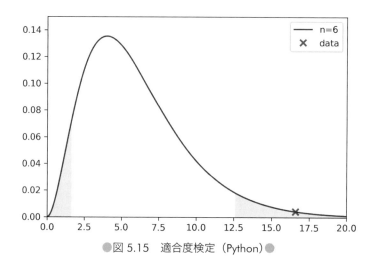

●図 5.15　適合度検定（Python）●

Python では SciPy の chisquare 関数を使うと、統計量と p 値を次のように求められます。

```Python
from scipy import stats

stats.chisquare([31, 16, 14, 15, 13, 22, 29])
```

```
Power_divergenceResult(statistic=16.6, pvalue=0.010871368601837355)
```

R では、chisq.test 関数を使うことで、統計量と p 値を求められます。

```R
chisq.test(c(31, 16, 14, 15, 13, 22, 29))
```

```
        Chi-squared test for given probabilities

data:  c(31, 16, 14, 15, 13, 22, 29)
X-squared = 16.6, df = 6, p-value = 0.01087
```

これより、$p < 0.1$ なので、帰無仮説が棄却され、対立仮説を採択します。つまり、曜日によって差があるといえます。

■ 理論値が一様でない場合の検定
一様に分布する場合だけでなく、それぞれの日によって予測される売上が異なる場合も

あります。また、おみくじを引いて大吉が出るか、のように均一のバランスで出ないような場合を考えることもあるでしょう。

例えば、**表5.12**のような売上分布が予想されていた場合、実際の売上が予想からどれくらいズレているか考えます。

●表 5.12　曜日別の売上高 2 ●

曜日	日	月	火	水	木	金	土	計
売上高	31	16	14	15	13	22	29	140
予想売上高	30	15	15	15	15	20	40	150

この場合、χ^2 は次のように計算できます。

$$\chi^2 = \frac{(31-30)^2}{30} + \frac{(16-15)^2}{15} + \frac{(14-15)^2}{15} + \frac{(15-15)^2}{15}$$
$$+ \frac{(13-15)^2}{15} + \frac{(22-20)^2}{20} + \frac{(29-40)^2}{40}$$
$$= 3.658333333333333$$

自由度は同じく $7-1=6$ ですので、棄却域も上記と同じものを使えます。

上記と同様に、χ^2 値を計算してみましょう。

```Python
import numpy as np

data = [31, 16, 14, 15, 13, 22, 29]
expected = [30, 15, 15, 15, 15, 20, 40]

chi_value = sum([((i - j) ** 2) / j for i, j in zip(data, expected)])
chi_value
```

```
3.658333333333333
```

```R
data <- c(31, 16, 14, 15, 13, 22, 29)
expected <- c(30, 15, 15, 15, 15, 20, 40)

chi_value <- sum((data - expected) ** 2 / expected)
chi_value
```

次に、χ^2 分布での統計量を表示し、グラフに描いてみます。

```Python
from matplotlib import pyplot as plt
import numpy as np
from scipy.stats import chi2


n = len(data)
p_value = chi2.pdf(chi_value, n - 1)

x = np.linspace(0, 20, 1000)
fig, ax = plt.subplots(1, 1)

# カイ 2 乗分布を描画
ax.plot(x, chi2.pdf(x, n - 1), linestyle='-', label='n=' + str(n - 1))

# 今回の統計量を表示
ax.plot(
        chi_value, p_value, 'x', color='red', markersize=7,
        markeredgewidth=2, alpha=0.8, label='data'
)

# 棄却域を描画
bottom, up = chi2.interval(0.90, n - 1)
plt.fill_between(
        x, chi2.pdf(x, n - 1), 0, where=(x>=up)|(x <= bottom),
        facecolor='black', alpha=0.1
)

plt.xlim(0, 20)
plt.ylim(0, 0.15)

plt.legend()
plt.show()
```

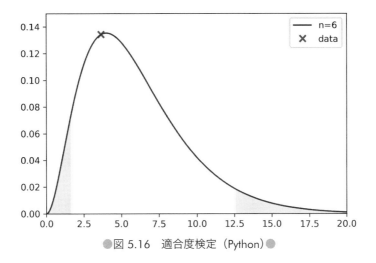

●図 5.16　適合度検定（Python）●

PythonやRであればchisquare関数やchisq.test関数の引数を追加するだけです。

```Python
from scipy import stats

stats.chisquare(
        [31, 16, 14, 15, 13, 22, 29],
        [30, 15, 15, 15, 15, 20, 40]
)
```

```
Power_divergenceResult(statistic=3.658333333333333, pvalue=0.7227987237677564)
```

```R
chisq.test(
        c(31, 16, 14, 15, 13, 22, 29),
        p=c(30, 15, 15, 15, 15, 20, 40)/150
)
```

```
        Chi-squared test for given probabilities

data:  c(31, 16, 14, 15, 13, 22, 29)
X-squared = 3.2054, df = 6, p-value = 0.7827
```

PythonとRで少し値に差はありますが、いずれも $p > 0.1$ であり、帰無仮説は受容されます。つまり、実際の売上が予想と外れているかはわからないことになります。

[5.6]
平均の検定の応用
〜ウェルチの検定、分散分析

5.6.1　分散が等しくない母集団の平均の検定

■ウェルチの検定

　ここまで、t 検定では 1 群の t 検定のほか、対応のある 2 群の t 検定および対応のない 2 群の t 検定を紹介してきました。しかし、対応のない 2 群の t 検定では、母分散が等しいことを前提としていました。

　ここでは、分散が等しくない場合に、t 検定と同じように平均値の差を検定する方法を考えます。それが**ウェルチの検定**（ウェルチの t 検定）です。2 つの母集団から取り出した標本平均をそれぞれ $\overline{x_1}$, $\overline{x_2}$、データ数を n_1, n_2、不偏分散を s_1^2, s_2^2 とすると、次のように統計量を求められます。

$$t = \frac{\overline{x_1} - \overline{x_2}}{\sqrt{\dfrac{s_1^2}{n_1} + \dfrac{s_2^2}{n_2}}}$$

　これは自由度 ν の t 分布に従うことが知られています。ここで、ν は次の式で計算された値にもっとも近い整数で、書籍によっては小数部分を切り捨てたり、四捨五入したりしています。本書では四捨五入してみましょう。

$$\nu = \frac{\left(\dfrac{s_1^2}{n_1} + \dfrac{s_2^2}{n_2} \right)^2}{\dfrac{\left(\dfrac{s_1^2}{n_1} \right)^2}{n_1 - 1} + \dfrac{\left(\dfrac{s_2^2}{n_2} \right)^2}{n_2 - 1}}$$

　例えば、「5.3.2 対応のないデータ」で使った「2 つの畑で収穫した野菜の大きさを比べる」という表 5.6 に対して、ウェルチの t 検定を実施してみましょう。上記では母分散が

等しいことを前提としましたが、ここでは分散が等しくないと仮定します。

まず自由度を計算します。

```Python
import numpy as np

x_1 = [15, 18, 17, 18, 19, 17, 16, 20, 19, 14]
x_2 = [17, 20, 15, 18, 16, 15, 17, 18]

s_1 = np.var(x_1, ddof=1)
s_2 = np.var(x_2, ddof=1)

n_1 = len(x_1)
n_2 = len(x_2)
nu = ((s_1 / n_1) + (s_2 / n_2)) ** 2 /\
        (((s_1 / n_1) ** 2) / (n_1 - 1) + ((s_2 / n_2) ** 2) / (n_2 - 1))
nu
```

```
15.747366679841289
```

```R
x_1 <- c(15, 18, 17, 18, 19, 17, 16, 20, 19, 14)
x_2 <- c(17, 20, 15, 18, 16, 15, 17, 18)

s_1 <- var(x_1)
s_2 <- var(x_2)

n_1 <- length(x_1)
n_2 <- length(x_2)
nu <- ((s_1 / n_1) + (s_2 / n_2)) ** 2 /
        (((s_1 / n_1) ** 2) / (n_1 - 1) + ((s_2 / n_2) ** 2) / (n_2 - 1))
nu
```

```
15.7473666798413
```

このように自由度は、$\mu = 15.747$ くらいの値になりました。畑 1 の野菜が畑 2 の野菜より大きいといえるかを有意水準 5% で検定する、という問題だったので、自由度が 16 の t 分布で有意水準 5% の棄却域を設定します。つまり、上側 5% 点を調べます。

```Python
from scipy.stats import t

t.ppf(0.95, 16)
```

```
1.74588367627624
```

```R
qt(0.95, 16)
```

```
1.74588367627625
```

t 値を求めてみましょう。

```Python
m_1 = np.mean(x_1)
m_2 = np.mean(x_2)
t = (m_1 - m_2) / np.sqrt(s_1 / n_1 + s_2 / n_2)
t
```

```
0.3550831677753239
```

```R
m_1 <- mean(x_1)
m_2 <- mean(x_2)
t <- (m_1 - m_2) / sqrt(s_1 / n_1 + s_2 / n_2)
t
```

```
0.355083167775324
```

これは棄却域に入っていないので、棄却されません。つまり、畑1の野菜が畑2の野菜より大きいかどうかはわからないことになります。

■ 便利な関数

ここでは個別に分散や自由度を求めて計算しましたが、実用上はPythonやRに用意されている関数を使うと便利です。「5.6.1 分散が等しくない母集団の平均の検定」や「5.3.2 対応のないデータ」でも紹介した対応のない t 検定と同じく、Pythonでは scipy.stats.ttest_ind

という関数を使えて、引数で equal_var = False と指定します。

```Python
from scipy import stats

x_1 = [15, 18, 17, 18, 19, 17, 16, 20, 19, 14]
x_2 = [17, 20, 15, 18, 16, 15, 17, 18]

stats.ttest_ind(x_1, x_2, equal_var = False)
```

```
Ttest_indResult(statistic=0.3550831677753239, pvalue=0.7272383789635237)
```

R では t.test に var.equal=F という引数を指定するか、この引数を省略します。

```R
x_1 <- c(15, 18, 17, 18, 19, 17, 16, 20, 19, 14)
x_2 <- c(17, 20, 15, 18, 16, 15, 17, 18)

t.test(x_1, x_2)
```

```
        Welch Two Sample t-test

data:  x_1 and x_2
t = 0.35508, df = 15.747, p-value = 0.7272
alternative hypothesis: true difference in means is not equal to 0
95 percent confidence interval:
 -1.493388  2.093388
sample estimates:
mean of x mean of y
     17.3      17.0
```

このように、等分散の仮定を外しても、同じように検定できます。

最近では、等分散をチェックせずに、どういう分散であってもウェルチの検定を使うことがスタンダードになっています。

5.6.2　3つの母集団に対して検定する

■分散分析

t 検定では、2つの母集団などに対する平均についての検定を行いました。しかし、実際

には3つ以上の母集団に対して検定したい場合もあります。

例えば、3つの母集団 A, B, C があったとき、ここから2つを取り出して、A と B、B と C、C と A に対して t 検定をする方法が考えられます。しかし、この方法には問題があります。

まず、母集団の数が増えると、ペアの数が一気に増えることです。3つの母集団であれば3パターンの検定ですが、4つの母集団になると6パターン、5つになると10パターンとなります。さらに、有意水準をどう判断するのか難しくなります。

では、A, B, C の3つの母集団を比較する場面で、それぞれ有意水準5%で t 検定を実施した場合、少なくとも1つに有意差がある確率を計算してみましょう。

それぞれに有意差がない確率は、1 − 0.05 で計算できるので、いずれにも有意差がない確率は

$$(1 - 0.05) \times (1 - 0.05) \times (1 - 0.05) = 0.857374$$

となります。つまり、少なくとも1つに有意差がある確率は約 0.14 となり、有意水準14%で検定することになってしまいます。

これらの問題があることから、3つ以上の母集団に対して平均の検定をするときには**分散分析**（**ANOVA**: analysis of variance）という方法を使います。平均なのに「分散」という名前がついているのは、母平均に違いがあるかどうかを「分散」の大きさの違いで検定するためです。このとき、どこかに違いがある、ということを示すだけで、どのペアで違うのか、ということは示してくれません。

分散分析には、大きく分けて**一元配置**と**二元配置**があります。また、それぞれについて「対応のない場合」と「対応のある場合」が考えられます。本書では、対応のない場合の一元配置について解説します。

■一元配置

一元配置は、母集団を識別する要素が1つのものに対して分散分析をする方法です。

例えば、3つの店舗について、一週間の売上データで比較する場合を考えてみましょう（**表5.13**）。このデータを識別するのは A, B, C という店舗名だけ（識別する要素が1つ）です。そこで、一元配置の分散分析をしてみます。

帰無仮説は「平均が等しい」、対立仮説は「平均が等しくない」と設定できます。分散分析においては、検定統計量の F 値が F 分布に従うことが知られており、有意水準5%で検定してみます。

Python では scipy.stats.f_oneway という関数を使います。

●表 5.13　一元配置の例●

店舗	A	B	C
売上	36	42	51
	40	40	58
	38	48	56
	42	35	52
	45	37	49
	43	38	50
	39	43	51

Python

```python
from scipy import stats

a = [36, 40, 38, 42, 45, 43, 39]
b = [42, 40, 48, 35, 37, 38, 43]
c = [51, 58, 56, 52, 49, 50, 51]
stats.f_oneway(a, b, c)
```

```
F_onewayResult(statistic=25.50361445783133, pvalue=5.589864152539778e-06)
```

　この場合は、p 値が 0.05 より小さいので、帰無仮説が棄却されます。つまり、差があることがわかります。

Column　二元配置の分散分析

　二元配置の分散分析についても、概要だけ紹介しておきます。
　一元配置では、母集団を識別する要素が 1 つだけでしたが、二元配置では複数の要素で識別します。例えば、売上のデータが 1 か月あり、店舗と曜日で識別する場合が考えられます（**表 5.14**）。

●表 5.14　二元配置の例●

	店舗	A	B	C
売上	日	36 …	42 …	51 …
	月	40 …	40 …	58 …
	火	38 …	48 …	56 …
	水	42 …	35 …	52 …
	木	45 …	37 …	49 …
	金	43 …	38 …	50 …
	土	39 …	43 …	51 …

　今回のデータを識別するのは A, B, C という「店舗名」に加えて「曜日」があるため、識別する要素が 2 つです。このような場合には、二元配置の分散分析が必要になるのです。

第
6
章

将来の予測や分類に
応用する

1次関数を使って予測する
〜回帰分析

6.1.1 回帰分析とは

■ 直線で予測する

　ここまで、集めたデータを分析する方法について解説してきました。正しく把握し、検定を実施することはもちろん重要なのですが、実際には分析するだけで終わっては意味がありません。過去のデータに基づいて、未来の変化を予測できれば、ビジネスに役立てられるでしょう。また、新しいデータが与えられたときに、それを正しく分類できれば、人間の手間を削減できます。

　そこで、まずは過去のデータから未来を予測することを考えてみます。いちばんわかりやすいのは、1次関数を使った予測です。

　仕事をしていると、上司から「あとどれくらいでできる？」と聞かれることがあります。それが初めての仕事であれば、どのくらいかかるのか全く予測できないかもしれません。しかし、根拠を持って答える必要があります。このとき、「少しだけやってみる」という方法があります。例えば、議事録を作成する場面を考えてみましょう。会議の音声を録音したものを文字起こしする場面がわかりやすいでしょう。

　このとき、1時間の会議であれば、5分ほど実際にやってみるのです。ここで、5分間の文字起こしに15分かかったとします。これは、$y = 3x$ という1次関数の式で表現できます。

　つまり、60分の会議であれば、$3 \times 60 = 180$ 分、つまり3時間くらいかかりそうだ、と予測できます。y の値から逆算することもでき、5時間（$= 300$ 分）あれば、$300 = 3x$ から100分の会議まで文字起こしできると判断できます。

　これは仕事以外の場面でも有効です。例えば、人気のラーメン屋さんに行ってみると、行列ができていました。あなたが到着したときに、20人の客が前に並んでいたとします。

このとき、すぐに諦めて帰るのではなく、最初の5分間でどのくらいの人が店内に入っていったか調べるのです。もし5分間で4人の客が店内に入っていったことがわかれば、自分が店内に入れる時間を予測できます。この予測は正確ではありませんが、データが増えれば増えるほど精度は上がっていきます。

■ 実際にグラフで確かめる

　登山をしている人であれば、山に登るときに頂上に近づくにつれて気温が下がることをご存じでしょう。高い山であればあるほど気温は下がりますが、いろいろな標高の気温を見てみると、標高と気温の散布図に対して**図 6.1** のような直線を当てはめられます。

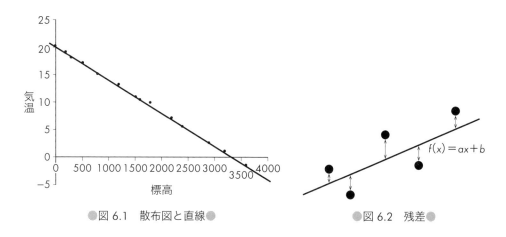

●図 6.1　散布図と直線●　　　　　　　　●図 6.2　残差●

　このように、描いた散布図にできるだけ近くなるように直線を引くと、2つの変数間の関係を表現できます。この直線を**回帰直線**、この傾きを**回帰係数**といいます。また、この直線の式を回帰式といいます。このように散布図に線を当てはめて、変数間の関係を予測する方法が**回帰分析**です。

　すべての点が直線の上に乗っているわけではありませんが、うまく直線を引けば便利に使えそうです。回帰式の予測値と、実際のデータとのズレを**残差**といいます（**図 6.2**）。この残差をすべてのデータに対して調べ、その値が小さいほど良い回帰直線だといえます。

　また、気温のような「予測したい変数」を**目的変数**、標高のような「予測に使う変数」を**説明変数**といいます。

■ プログラムで求める

　回帰分析を Python と R で実行してみましょう。Python では scikit-learn を使います。概要だけを示すと、次のように実行します。

```Python
from sklearn.linear_model import LinearRegression

model_lr = LinearRegression()
model_lr.fit(x, y)
```

　先頭で scikit-learn の線形モデルを読み込んでいます。次に、回帰分析を実行する LinearRegression というクラスのインスタンスを生成し、fit 関数で回帰直線を求めています。

　実際に試してみましょう。ここでは、**表6.1** のような、「気温」と「かき氷の販売数」のデータで考えてみます。

●表6.1　気温とかき氷の販売データ●

日付	7/1	7/2	7/3	7/4	7/5	7/6	7/7	7/8	7/9
気温	15	21	22	24	25	27	28	29	30
販売数	80	100	95	120	128	140	141	150	160

　このデータを上記のプログラムに適用すると、次のように実行できます。

```Python
from sklearn.linear_model import LinearRegression

x = [[15], [21], [22], [24], [25], [27], [28], [29], [30]]
y = [80, 100, 95, 120, 128, 140, 141, 150, 160]

model_lr = LinearRegression()
model_lr.fit(x, y)

print('y = %.03fx + %.03f' % (model_lr.coef_, model_lr.intercept_))
```

```
y = 5.572x + -13.054
```

　x には気温のデータが、y にはかき氷の販売数のデータが入っています。このデータに対して回帰分析を実行し、その結果を出力しています。このように、結果は coef_ と intercept_ に格納されています。

　では、学習で得られた回帰直線を描いてみましょう。Python で実行するとグラフが得られ、横軸が気温、縦軸が販売数を表しています（**図6.3**）。

Python

```python
import matplotlib.pyplot as plt

plt.plot(x, y, 'o')
plt.plot(x, model_lr.predict(x), linestyle='solid')
plt.show()
```

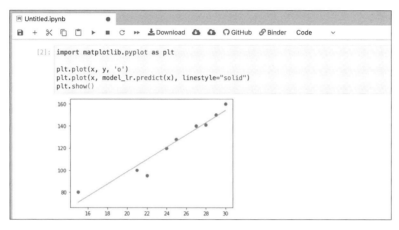

●図 6.3　回帰直線（Python）●

　R では次項で紹介する最小二乗法を用いた回帰分析として lsfit や lm という関数が標準で用意されています。lsfit は昔からある関数ですが、最近は lm 関数を使う方が多いため、ここでは lm 関数を使って求めてみます。この関数の 1 つ目の引数として、モデル式という式を与えます。今回のように、x から y を予測することを、y ~ x と書きます。

R

```r
x <- c(15, 21, 22, 24, 25, 27, 28, 29, 30)
y <- c(80, 100, 95, 120, 128, 140, 141, 150, 160)

lm(y ~ x)
```

```
Call:
lm(formula = y ~ x)

Coefficients:
(Intercept)              x
    -13.054          5.572
```

このように、Python での実行結果と同じ値が得られていることがわかります。また、R でも Python と同じように図を描くこともできます（**図 6.4**）。

```R
x <- c(15, 21, 22, 24, 25, 27, 28, 29, 30)
y <- c(80, 100, 95, 120, 128, 140, 141, 150, 160)

z <- lm(y ~ x)
plot(x, y)
abline(z)
```

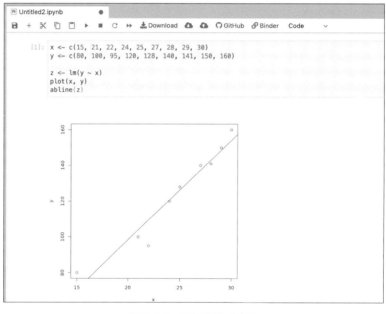

●図 6.4　回帰直線（R)●

■回帰分析の精度を考える

回帰分析では各データと直線の間の誤差が少ないほど、直線の精度が高いことを意味します。誰が見ても同じ認識を持てるように、その精度の高さを数値で表現することを考えてみましょう。

ここで使われるのが**決定係数**という値で、一般に R^2 と表現されます。Excel では「データ分析ツール」から「回帰分析」を選ぶと、**重決定 R2** と表現されています[*1]。

---

*1　Excel で「データ分析ツール」が表示されない場合は、アドインを導入する必要があります。

決定係数は 0 から 1 の値を取りますが、値が大きいほど、データに対して直線が一致していると判断できます。つまり、決定係数の値が 1 に近ければ近いほど、信頼度が高いことを意味します。この計算方法は後述しますが、Python や R で回帰分析したときには、必ずこの値をチェックしましょう。

　Python では、作成したインスタンスに対して、score という関数を実行します。

Python

```
model_lr.score(x, y)
```

```
0.9377073658062173
```

　今回の場合は約 0.94 なので、非常に精度が高いといえそうです。実際には、0.5 くらいを基準として、これより大きければ実務上は問題なく使えると考えられます。

　R では lm 関数の結果に summary 関数を適用します。

R

```
summary(lm(y ~ x))
```

```
Call:
lm(formula = y ~ x)

Residuals:
    Min     1Q  Median     3Q    Max
-14.537  -1.971   1.456   2.601   9.469

Coefficients:
            Estimate Std. Error t value Pr(>|t|)
(Intercept) -13.0536    13.5468  -0.964    0.367
x             5.5723     0.5428  10.265  1.8e-05 ***
---
Signif. codes:  0 '***' 0.001 '**' 0.01 '*' 0.05 '.' 0.1 ' ' 1

Residual standard error: 7.247 on 7 degrees of freedom
Multiple R-squared:  0.9377,      Adjusted R-squared:  0.9288
F-statistic: 105.4 on 1 and 7 DF,  p-value: 1.8e-05
```

　非常に多くの値が出力されていますが、ここでチェックするのは下から 2 行目にある「Multiple R-squared」という値です。Python と同じく、約 0.94 という値が得られています。

このように、回帰分析をした場合には予測した直線の式を見るだけでなく、その直線が信頼できるものなのかも評価するようにしましょう。

6.1.2　数学的な背景を知る

■ 回帰式の係数を求める

PythonやRでプログラムを実行すると簡単に回帰式の係数を求められますが、どのようにして求めるのか、数学的な背景も知っておきましょう。これを知っておけば、他のプログラミング言語でも簡単に実装できます。

ここでは、$(x_1, y_1), (x_2, y_2), \ldots, (x_n, y_n)$ という n 個のデータがあったときに、$y = ax + b$ という回帰式で予測してみます。この式に実際のデータを代入したときに、誤差がもっとも少なくなる係数 a, b を求めることを考えます。

i 番目のデータを (x_i, y_i) とすると、予測との誤差は $y_i - (ax_i + b)$ で求められます。

この誤差を二乗してすべての点について和を求めると、

$$E = \sum_{k=1}^{n} (y_k - (ax_k + b))^2$$

です。これを最小にする a, b の組み合わせを求める方法を**最小二乗法**といいます。つまり、x_k と y_k を定数、a と b を変数という関数を考えます。

最小値を求めるには、a, b でそれぞれ偏微分[*2]して、傾きが 0 になる点を求める方法が考えられます。付録の p.297 で解説しているように、傾きが 0 になる点として極大値や極小値になる場合も考えられますが、2 次関数では候補が 1 つに絞られます。この式変形は少し複雑ですが、次の連立方程式を解けば求められます。

$$\begin{cases} \dfrac{\partial E}{\partial a} = -2 \sum_{k=1}^{n} x_k (y_k - (ax_k + b)) = 0 \\ \dfrac{\partial E}{\partial b} = -2 \sum_{k=1}^{n} (y_k - (ax_k + b)) = 0 \end{cases}$$

下の式は、次のように変形できます。

$$\sum_{k=1}^{n} (y_k - (ax_k + b)) = 0$$

展開して整理すると

---

*2　偏微分について、詳しくは付録を参照してください。

$$\sum_{k=1}^{n} y_k = \sum_{k=1}^{n} (ax_k + b) = a \sum_{k=1}^{n} x_k + b \sum_{k=1}^{n} 1 = a \sum_{k=1}^{n} x_k + nb$$

$$b = \frac{1}{n} \sum_{k=1}^{n} y_k - \frac{a}{n} \sum_{k=1}^{n} x_k$$

ここで、x_k, y_k の平均はそれぞれ

$$\bar{x} = \frac{1}{n} \sum_{k=1}^{n} x_k, \quad \bar{y} = \frac{1}{n} \sum_{k=1}^{n} y_k$$

で求められるので、

$$b = \bar{y} - a\bar{x}$$

そして連立方程式の上の式は、次のように変形できます。

$$\sum_{k=1}^{n} x_k(y_k - (ax_k + b)) = 0$$

$$a \sum_{k=1}^{n} x_k^2 + b \sum_{k=1}^{n} x_k = \sum_{k=1}^{n} x_k y_k$$

上記で求めた b を代入し、$\displaystyle\sum_{k=1}^{n} x_k = n\bar{x}$ を用いると

$$a \sum_{k=1}^{n} x_k^2 + (\bar{y} - a\bar{x}) \sum_{k=1}^{n} x_k = \sum_{k=1}^{n} x_k y_k$$

$$a \left(\sum_{k=1}^{n} x_k^2 - n\bar{x}^2 \right) = \sum_{k=1}^{n} x_k y_k - n\bar{x}\bar{y}$$

と変形できます。

つまり、a は p.77 で分散を求めたときに使った式変形や、p.112 で共分散を求めたときに使った式変形を参考にすると、次のように求められるのです。

$$a = \frac{\displaystyle\sum_{k=1}^{n} x_k y_k - n\bar{x}\bar{y}}{\displaystyle\sum_{k=1}^{n} x_k^2 - n\bar{x}^2}$$

$$= \frac{\displaystyle\sum_{k=1}^{n} (x_k - \bar{x})(y_k - \bar{y})}{\displaystyle\sum_{k=1}^{n} (x_k - \bar{x})^2}$$

なお、この式はさらに変形すると、

$$a = \frac{\dfrac{1}{n}\displaystyle\sum_{k=1}^{n}(x_k - \bar{x})(y_k - \bar{y})}{\dfrac{1}{n}\displaystyle\sum_{k=1}^{n}(x_k - \bar{x})^2}$$

$$= \frac{S_{xy}}{S_{xx}}$$

のように、x の分散と x, y の共分散で求められることがわかります。

では、先ほどの例で実際に a, b の値を求めてみましょう。

Python

```python
x = [15, 21, 22, 24, 25, 27, 28, 29, 30]
y = [80, 100, 95, 120, 128, 140, 141, 150, 160]

# 平均を求める
x_mean = sum(x) / len(x)
y_mean = sum(y) / len(y)

# a の分母と分子を求める
sum_xy = sum([(i - x_mean) * (j - y_mean) for (i, j) in zip(x, y)])
sum_xx = sum([(i - x_mean) ** 2 for i in x])

# a と b を計算
a = sum_xy / sum_xx
b = y_mean - a * x_mean

[a, b]
```

```
[5.572319201995013, -13.05361596009979]
```

R

```r
x <- c(15, 21, 22, 24, 25, 27, 28, 29, 30)
y <- c(80, 100, 95, 120, 128, 140, 141, 150, 160)

# 平均を求める
x_mean = mean(x)
y_mean = mean(y)

# a の分母と分子を求める
```

```
sum_xy <- sum((x - x_mean) * (y - y_mean))
sum_xx <- sum((x - x_mean) ** 2)

# a と b を計算
a <- sum_xy / sum_xx
b <- y_mean - a * x_mean

print(c(a, b))
```

```
[1]   5.572319 -13.053616
```

■ 決定係数の計算

ではここで、先ほど決定係数として紹介した「重決定 R2」というものが何を表すのか、数学的に考えてみましょう。精度として欲しいのは、予測値とどれくらい一致しているのか、ということです。

ここで、観測値を (x_i, y_i)、予測値を $(x_i, \hat{y}_i)$、観測値の平均を $\bar{x}, \bar{y}$ とします。観測値とのズレに対して、予測値がどれくらいズレているのか調べるには、予測値とのズレを観測値とのズレで割り算すればよいでしょう。

このズレを計算するには、分散を求めたときと同じように、平均との差の 2 乗を使います。そして、次の式で決定係数を求めると、一致したときには 1 に近づきます。

$$R^2 = \frac{\displaystyle\sum_{k=1}^{n}(\hat{y_k} - \bar{y})^2}{\displaystyle\sum_{k=1}^{n}(y_k - \bar{y})^2}$$

実際に、表 6.1「気温とかき氷の販売データ」で計算してみましょう。

Python
```python
# 予測式を関数として定義
def f(x):
    return 5.572 * x + -13.054

x = [15, 21, 22, 24, 25, 27, 28, 29, 30]
y = [80, 100, 95, 120, 128, 140, 141, 150, 160]

# データの平均を求める
mean_y = sum(y) / len(y)
```

```
# データの誤差と予測値の誤差を求める
sum_data = sum([(i - mean_y) ** 2 for i in y])
sum_predict = sum([(f(i) - mean_y) **2 for i in x])

# 決定係数
sum_predict / sum_data
```

```
0.9376000416462702
```

R
```
# 予測式を関数として定義
f <- function (x){
    return (5.572 * x + -13.054)
}

x = c(15, 21, 22, 24, 25, 27, 28, 29, 30)
y = c(80, 100, 95, 120, 128, 140, 141, 150, 160)

# データの平均を求める
mean_y = mean(y)

# データの誤差と予測値の誤差を求める
sum_data <- sum((y - mean_y) ** 2)
sum_predict <- sum((f(x) - mean_y) ** 2)

# 決定係数
sum_predict / sum_data
```

```
0.93760004164627
```

　なお、この決定係数の決め方には明確な定義がなく、さまざまな式が使われます。もちろん、いずれも「予測値とどれくらい一致しているのか」ということを判断する指標ですので、その目的を果たしていれば十分です。

　単純な回帰分析の場合には、上記の式が使われることが多いと思います。

複数の変数から予測する
〜重回帰分析

6.2.1　重回帰分析とは

■ 複数の変数を使う例

　前節の回帰分析で使われる変数は x だけで、式も $y = ax + b$ のように簡単なものでした。しかし、実務に使うデータでは変数が 1 つだけということはほとんどありません。

　例えば、「気温と降水確率から売上を予測したい」「駅からの距離と面積、築年数から賃貸物件の家賃を決めたい」「CPU の性能とメモリ容量、SSD の容量、画面の大きさ、重さからノートパソコンの価格を決めたい」といった使い方は私たちの周りにたくさんあります。

　そこで、変数を x, y, z として、式を $f(x) = ax + by + cz + d$ のように表す場面を考えてみましょう。このような複数の変数がある式に対して回帰分析を行うことを**重回帰分析**といいます（変数が 1 つの回帰分析を**単回帰分析**ともいいます）。

　変数は 3 つとは限らず、さらに多い場合も考えて、この関数をベクトルの内積で表現することにします[*3]。$\boldsymbol{a} = (a, b, c, d)$, $\boldsymbol{x} = (x, y, z, 1)$ という 2 つのベクトルを用意すると、上記の式は $f(x) = \boldsymbol{a} \cdot \boldsymbol{x}$ と書けます。

　これを使うと、$\boldsymbol{\beta} = (\beta_0, \beta_1, \beta_2, \ldots, \beta_k)$, $\boldsymbol{x} = (1, x_1, x_2, \ldots, x_k)$ と表現することで、変数の数に関係なく同じ式で表現できます。このような表現方法を**一般線形モデル**といいます。そして、与えられたデータのうち、i 番目のデータを $\boldsymbol{x}_i = (1, x_{i1}, x_{i2}, \ldots, x_{ik})$、それに対応する値を y_i とすると、その誤差は最小二乗法を使って次のように表現できます。

$$E = \sum_{k=1}^{n} (y_k - \boldsymbol{\beta} \cdot \boldsymbol{x}_k)^2$$

　このように考えると、重回帰分析でも通常の回帰分析と同じように求められそうです。

[*3]　ベクトルの内積について、詳しくは巻末の付録を参照してください。

基本的には、散布図を描いて、それぞれの点との誤差を最小にする、という考え方は変わりません。

実際に、変数が 2 つの場合では、**図 6.5** のような 3 次元での散布図を考えます。

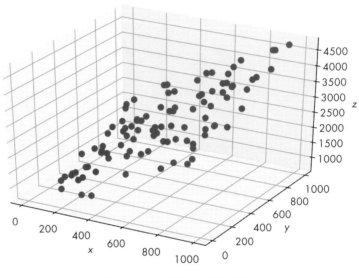

●図 6.5　3 次元での散布図●

この場合は、回帰分析のように直線を引く、というよりも平面を用意して、それぞれの点と平面との距離を最小にすることを意味します。ただし、プログラムで処理する場合には、あまり細かいことを考える必要はありません。

■ プログラムで重回帰分析を実行する

実際に Python と R で重回帰分析を実行してみましょう。使用するデータの数が異なるだけで、処理する内容は単回帰分析と基本的には同じです。

ここでは、**表 6.2** のデータを使って、ある中古車（特定の車種）の価格を重回帰分析で予測してみます。中古車の価格が決まる条件として、車両の状態などもありますが、走行距離や年式（経過年数）によって考えられそうです。

●表 6.2　中古車データ●

No	走行距離〔km〕	経過年数〔年〕	金額〔万円〕
1	31,438	3	125
2	13,845	3	140
3	43,095	5	98
4	40,946	4	113
5	82,375	5	65
6	78,764	6	70
7	90,554	7	55
8	69,142	8	80
9	23,712	5	95
10	51,489	6	88
11	60,023	10	90
12	80,123	2	132

Python

```python
from sklearn.linear_model import LinearRegression

data = [
    [31438, 3], [13845, 3], [43095, 5], [40946, 4],
    [82375, 5], [78764, 6], [90554, 7], [69142, 8],
    [23712, 5], [51489, 6], [60023, 10], [80123, 2]
]
price = [125, 140, 98, 113, 65, 70, 55, 80, 95, 88, 90, 132]

model_lr = LinearRegression()
model_lr.fit(data, price)

print([model_lr.coef_, model_lr.intercept_])
```

```
[array([-5.11176275e-04, -6.16865464e+00]), 157.16539794318925]
```

R

```r
distance <- c(
    31438, 13845, 43095, 40946, 82375, 78764,
    90554, 69142, 23712, 51489, 60023, 80123
)
year <- c(3, 3, 5, 4, 5, 6, 7, 8, 5, 6, 10, 2)
price <- c(125, 140, 98, 113, 65, 70, 55, 80, 95, 88, 90, 132)
```

```
lm(price ~ distance + year)
```

```
Call:
lm(formula = price ~ distance + year)

Coefficients:
(Intercept)       distance           year
  1.572e+02     -5.112e-04      -6.169e+00
```

■注意点

　なお、このような一般線形モデルは誤差の分布が正規分布になっていることを仮定しています。つまり、直線の両側に集まっているような分布であることが前提となっています。

　もしこれが仮定できない場合には、**一般化線形モデル**などを使うことになりますが、本書では割愛します。

6.2.2　予測した関数を評価する

■データ間の関連性を考える

　重回帰分析のように、複数のデータを予測に使ったとき、そのデータをすべて使う必要があるのか、という問題があります。

　例えば、身長を予測するときに、左足と右足の大きさのデータを使ったとします。足が大きければ身長が高い、という傾向はありそうですが、左右どちらかの大きさがあれば十分求められそうです。このような場合、一方のデータだけを使って予測したいものです。

　このようなときに使う値としてp値があります。これは、帰無仮説を「回帰係数が0である」、対立仮説を「回帰係数が0でない」という仮説を検定した結果のp値のことです。「回帰係数が0である」ということは「直線の傾きがない状態」、つまり予測に使ったデータが予測値に影響を与えない、という状況です。

　予測に使ったそれぞれの項目についてp値を調べたときに0.05を下回ったら「有意差がある」、つまり帰無仮説を棄却して対立仮説を採択します。p値が0.05を上回るならば、帰無仮説は棄却しません。つまり、p値が0.05を上回るような項目は予測に役立っていないと考えられるので、回帰分析をしたときに予測に使うデータから除外します。

　このような項目を除外し、p値が小さいデータだけを使って再度回帰分析を行うことで、シンプルな予測式を求められるのです。

　そこで、このp値を求めてみましょう。Rでは回帰分析と同様に、summary関数を実行

すると、それぞれの係数に対する p 値が表示されます。

```R
summary(lm(price ~ distance + year))
```

```
Call:
lm(formula = price ~ distance + year)

Residuals:
    Min      1Q  Median      3Q     Max
-19.214 -10.592  -2.197   7.750  28.129

Coefficients:
              Estimate Std. Error t value Pr(>|t|)
(Intercept)  1.572e+02  1.508e+01  10.424 2.53e-06 ***
distance    -5.112e-04  2.187e-04  -2.338   0.0442 *
year        -6.169e+00  2.432e+00  -2.536   0.0319 *
---
Signif. codes:  0 '***' 0.001 '**' 0.01 '*' 0.05 '.' 0.1 ' ' 1

Residual standard error: 17.1 on 9 degrees of freedom
Multiple R-squared:  0.6726,      Adjusted R-squared:  0.5999
F-statistic: 9.246 on 2 and 9 DF,  p-value: 0.006572
```

上記の場合は走行距離が 0.042、経過年数が 0.0319 という値なので、いずれも予測に使っても問題なさそうです。

Python の scikit-learn では p 値を求められませんが、statmodels というパッケージを使うと可能です。

■ 精度を確認する

回帰分析では決定係数 R^2（重決定 R2）という値で精度を確認しました。Python や R で重回帰分析を実行しても、決定係数の値は同じように表示されます。

ただし、重回帰分析では、予測に使うデータの種類が多くなるにつれて、決定係数の値が大きくなることがあります。これは、他のデータだけでは予測できなかったものが、複数のデータを使うことで精度が上がったと考えることもできますが、計算上の問題で値が大きくなる場合もあるのです。

実際に、無意味な項目（例えばすべてのデータで同じ値の項目）を増やすと、決定係数の値は 1 に近づきます。そこで、この値を補正する方法を使い、これを**自由度調整済み決定**

係数といいます。Excel では**補正 R2**、R では「Adjusted R-squared」と表現されています。

これも 1 に近づくほど精度が高いことを意味し、一般的には 0.5 くらいを基準として、それ以上であれば精度に問題ないと判断できます。

Python で先ほどのように scikit-learn を使っている場合は、LinearRegression の `score` というメソッドで決定係数 R^2 を求められます。

Python
```
model_lr.score(data, price)
```

```
0.6726282968792637
```

ただし、自由度調整済み決定係数 R^2 を求める関数は用意されていません。これについては、次の数学的な求め方の部分で解説します。

R の場合は、上記の p 値を求めたときの結果をみると、「Multiple R-squared」が 0.6726、「Adjusted R-squared」が 0.5999 と出力されています。

6.2.3　数学的に求める

■重回帰式の係数を求める

Python や R を使うとプログラムで簡単に重回帰式の係数を求められましたが、どのようにして求めるのか、数学的な背景も知っておきましょう。ここでは、$y = ax_1 + bx_2 + cx_3 + d$ という回帰式で予測してみます。この式に実際のデータを代入して、誤差がもっとも少なくなる係数 a, b, c, d を最小二乗法で求めることを考えます。

つまり、1 番目のデータを $(x_{11},\ x_{12},\ x_{13},\ y_1)$ とすると、予測した式との差は $e_1 = y_1 - (ax_{11} + bx_{12} + cx_{13} + d)$ で求められます。同様に、i 番目のデータでの誤差は、$e_i = y_i - (ax_{i1} + bx_{i2} + cx_{i3} + d)$ となります。

この誤差の二乗和は

$$E = \sum_{k=1}^{n} (e_k)^2 = \sum_{k=1}^{n} (y_k - (ax_{k1} + bx_{k2} + cx_{k3} + d))^2$$

です。これを最小にする a, b, c, d の組み合わせを求めてみます。

最小値を求めるには、a, b, c, d でそれぞれ偏微分して、傾きが 0 になる点を求める方法が考えられます。これは、次の連立方程式を解けばよいでしょう。

$$\begin{cases} \dfrac{\partial E}{\partial a} = -2\displaystyle\sum_{k=1}^{n} x_{k1}(y_k - (ax_{k1} + bx_{k2} + cx_{k3} + d)) = 0 \\[2mm] \dfrac{\partial E}{\partial b} = -2\displaystyle\sum_{k=1}^{n} x_{k2}(y_k - (ax_{k1} + bx_{k2} + cx_{k3} + d)) = 0 \\[2mm] \dfrac{\partial E}{\partial c} = -2\displaystyle\sum_{k=1}^{n} x_{k3}(y_k - (ax_{k1} + bx_{k2} + cx_{k3} + d)) = 0 \\[2mm] \dfrac{\partial E}{\partial d} = -2\displaystyle\sum_{k=1}^{n} (y_k - (ax_{k1} + bx_{k2} + cx_{k3} + d)) = 0 \end{cases}$$

これは、次のように整理できます。

$$\begin{cases} a\displaystyle\sum_{k=1}^{n} x_{k1}^2 + b\sum_{k=1}^{n} x_{k1}x_{k2} + c\sum_{k=1}^{n} x_{k1}x_{k3} + d\sum_{k=1}^{n} x_{k1} = \sum_{k=1}^{n} x_{k1}y_k \\[2mm] a\displaystyle\sum_{k=1}^{n} x_{k1}x_{k2} + b\sum_{k=1}^{n} x_{k2}^2 + c\sum_{k=1}^{n} x_{k2}x_{k3} + d\sum_{k=1}^{n} x_{k2} = \sum_{k=1}^{n} x_{k2}y_k \\[2mm] a\displaystyle\sum_{k=1}^{n} x_{k1}x_{k3} + b\sum_{k=1}^{n} x_{k2}x_{k3} + c\sum_{k=1}^{n} x_{k3}^2 + d\sum_{k=1}^{n} x_{k3} = \sum_{k=1}^{n} x_{k3}y_k \\[2mm] a\displaystyle\sum_{k=1}^{n} x_{k1} + b\sum_{k=1}^{n} x_{k2} + c\sum_{k=1}^{n} x_{k3} + nd = \sum_{k=1}^{n} y_k \end{cases}$$

上記の最後の式は、次のように変形できます。

$$d = \frac{1}{n}\sum_{k=1}^{n} y_k - \frac{a}{n}\sum_{k=1}^{n} x_{k1} - \frac{b}{n}\sum_{k=1}^{n} x_{k2} - \frac{c}{n}\sum_{k=1}^{n} x_{k3} = \bar{y} - a\overline{x_1} - b\overline{x_2} - c\overline{x_3}$$

これを他の3つの式に代入してみます。最初の式に代入すると、

$$a\sum_{k=1}^{n} x_{k1}^2 + b\sum_{k=1}^{n} x_{k1}x_{k2} + c\sum_{k=1}^{n} x_{k1}x_{k3} + (\bar{y} - a\overline{x_1} - b\overline{x_2} - c\overline{x_3})\sum_{k=1}^{n} x_{k1} = \sum_{k=1}^{n} x_{k1}y_k$$

なので

$$a\left(\sum_{k=1}^{n} x_{k1}^2 - n\overline{x_1}^2\right) + b\left(\sum_{k=1}^{n} x_{k1}x_{k2} - n\overline{x_1}\,\overline{x_2}\right) + c\left(\sum_{k=1}^{n} x_{k1}x_{k3} - n\overline{x_1}\,\overline{x_3}\right)$$
$$= \sum_{k=1}^{n} x_{k1}y_k - n\overline{x_1}\bar{y}$$

となります。

同様に、2つ目の式に代入すると、

$$a\sum_{k=1}^{n} x_{k1}x_{k2} + b\sum_{k=1}^{n} x_{k2}^2 + c\sum_{k=1}^{n} x_{k2}x_{k3} + (\bar{y} - a\overline{x_1} - b\overline{x_2} - c\overline{x_3})\sum_{k=1}^{n} x_{k2} = \sum_{k=1}^{n} x_{k2}y_k$$

なので

$$a \left(\sum_{k=1}^{n} x_{k1}x_{k2} - n\overline{x_1}\,\overline{x_2} \right) + b \left(\sum_{k=1}^{n} x_{k2}^2 - n\overline{x_2}^2 \right) + c \left(\sum_{k=1}^{n} x_{k2}x_{k3} - n\overline{x_2}\,\overline{x_3} \right)$$
$$= \sum_{k=1}^{n} x_{k2}y_k - n\overline{x_2}\bar{y}$$

3つ目の式に代入すると、

$$a \sum_{k=1}^{n} x_{k1}x_{k3} + b \sum_{k=1}^{n} x_{k2}x_{k3} + c \sum_{k=1}^{n} x_{k3}^2 + (\bar{y} - a\overline{x_1} - b\overline{x_2} - c\overline{x_3}) \sum_{k=1}^{n} x_{k3} = \sum_{k=1}^{n} x_{k3}y_k$$

なので

$$a \left(\sum_{k=1}^{n} x_{k1}x_{k3} - n\overline{x_1}\,\overline{x_3} \right) + b \left(\sum_{k=1}^{n} x_{k2}x_{k3} - n\overline{x_2}\,\overline{x_3} \right) + c \left(\sum_{k=1}^{n} x_{k3}^2 - n\overline{x_3}^2 \right)$$
$$= \sum_{k=1}^{n} x_{k3}y_k - n\overline{x_3}\bar{y}$$

となります。

ここで、次の偏差平方和と偏差積和の式を使って整理します。

$$\begin{cases} S_{11} = \displaystyle\sum_{k=1}^{n} x_{k1}^2 - n\overline{x_1}^2,\, S_{22} = \sum_{k=1}^{n} x_{k2}^2 - n\overline{x_2}^2,\, S_{33} = \sum_{k=1}^{n} x_{k3}^2 - n\overline{x_3}^2 \\ S_{12} = \displaystyle\sum_{k=1}^{n} x_{k1}x_{k2} - n\overline{x_1}\,\overline{x_2},\, S_{13} = \sum_{k=1}^{n} x_{k1}x_{k3} - n\overline{x_1}\,\overline{x_3},\, S_{23} = \sum_{k=1}^{n} x_{k2}x_{k3} - n\overline{x_2}\,\overline{x_3} \\ S_{1y} = \displaystyle\sum_{k=1}^{n} x_{k1}y_k - n\overline{x_1}\bar{y},\, S_{2y} = \sum_{k=1}^{n} x_{k2}y_k - n\overline{x_2}\bar{y},\, S_{3y} = \sum_{k=1}^{n} x_{k3}y_k - n\overline{x_3}\bar{y} \end{cases}$$

整理すると、

$$\begin{cases} S_{11}a + S_{12}b + S_{13}c = S_{1y} \\ S_{12}a + S_{22}b + S_{23}c = S_{2y} \\ S_{13}a + S_{23}b + S_{33}c = S_{3y} \end{cases}$$

これをさらに整理して $a,\, b,\, c$ を求めるには、行列を使うと便利です [*4]。

$$\begin{pmatrix} S_{11} & S_{12} & S_{13} \\ S_{12} & S_{22} & S_{23} \\ S_{13} & S_{23} & S_{33} \end{pmatrix} \begin{pmatrix} a \\ b \\ c \end{pmatrix} = \begin{pmatrix} S_{1y} \\ S_{2y} \\ S_{3y} \end{pmatrix}$$

---

*4　行列の基本的な計算について、詳しくは付録を参照してください。

なので、

$$\begin{pmatrix} a \\ b \\ c \end{pmatrix} = \begin{pmatrix} S_{11} & S_{12} & S_{13} \\ S_{12} & S_{22} & S_{23} \\ S_{13} & S_{23} & S_{33} \end{pmatrix}^{-1} \begin{pmatrix} S_{1y} \\ S_{2y} \\ S_{3y} \end{pmatrix}$$

ここで、

$$\begin{pmatrix} S_{11} & S_{12} & S_{13} \\ S_{12} & S_{22} & S_{23} \\ S_{13} & S_{23} & S_{33} \end{pmatrix}^{-1} =$$

$$\frac{1}{S_{11}S_{22}S_{33} + S_{12}S_{23}S_{13} + S_{13}S_{12}S_{23} - S_{13}S_{22}S_{13} - S_{12}S_{12}S_{33} - S_{11}S_{23}S_{23}}$$

$$\times \begin{pmatrix} S_{22}S_{33} - S_{23}S_{23} & -(S_{12}S_{33} - S_{13}S_{23}) & S_{12}S_{23} - S_{13}S_{22} \\ -(S_{12}S_{33} - S_{23}S_{13}) & S_{11}S_{33} - S_{13}S_{13} & -(S_{11}S_{23} - S_{13}S_{12}) \\ S_{12}S_{23} - S_{22}S_{13} & -(S_{11}S_{23} - S_{12}S_{13}) & S_{11}S_{22} - S_{12}S_{12} \end{pmatrix}$$

となることが知られており、この行列の掛け算で求められます。

■ 自由度調整済み決定係数を計算する

Python の scikit-learn では決定係数は score メソッドで求められましたが、自由度調整済み決定係数を求めるメソッドはありませんでした。しかし、これは簡単に計算できます。

名前の通り、自由度を調整するもので、次の式で計算できるのです。

$$R_{adj}^2 = 1 - \frac{(1 - R^2)(n - 1)}{n - k - 1}$$

ここで、n はデータの個数、k は項目の数です。「6.2.1 重回帰分析とは」で扱った中古車の例では、項目が距離と経過年数の 2 つだったので、$k = 2$ です。

これを使うと、次のように自由度調整済み決定係数を計算できます。

Python

```
from sklearn.linear_model import LinearRegression

data = [
    [31438, 3], [13845, 3], [43095, 5], [40946, 4],
    [82375, 5], [78764, 6], [90554, 7], [69142, 8],
    [23712, 5], [51489, 6], [60023, 10], [80123, 2]
]
price = [125, 140, 98, 113, 65, 70, 55, 80, 95, 88, 90, 132]

model_lr = LinearRegression()
```

```
model_lr.fit(data, price)

r = model_lr.score(data, price)
1 - (1 - r) * (len(price) - 1) / (len(price) - len(data[0]) - 1)
```

```
0.5998790295191001
```

これで、p.269 の R で求めた結果と同じ値が得られることを確認できました。

[6.3] 質的データで予測する ～数量化理論 I 類

6.3.1　質的データでの回帰分析

■質的データの変換

回帰分析や重回帰分析では、使うデータが量的データでした。つまり、与えられたデータが数値として表現されており、その大小関係を使って予測する方法でした。

ところが、私たちが扱うデータは量的データだけとは限りません。天気予報を使おうと思えば、「晴れ」「曇り」「雨」のようなデータが与えられますし、アンケートで血液型のデータを使うには「A」「B」「O」「AB」という分類があるかもしれません。

そこで、これらのデータでも同じように回帰分析の手法を使って予測する方法を考えます。このように、質的データを量的データとして取り扱うことで、回帰分析をできるようにする、という考え方を**数量化理論 I 類**（数量化 I 類）といいます。質的データを量的データに変換することで、質的データと量的データが混ざっているデータでも、同じように扱えるので便利です。

質的データから量的データへの変換方法として、わかりやすいのはデータが2通りの場合です。例えば、ある企業に登録している会員情報から、購入率を分析したい場合、「メールアドレス登録有無」という項目があり、「登録あり」「登録なし」という2つに分類できたとします。この場合、「登録あり」を1、「登録なし」を0、と表現すると、量的データとして処理できます。

問題になるのは、データが3種類以上ある場合です。例えば、天気の項目であれば、「晴れ」「曇り」「雨」だけでなく、「雪」などがあるかもしれません。ここで、単純に「晴れ」を0、「曇り」を1、「雨」を2、「雪」を3とすればよいでしょうか？

ここまで紹介した回帰分析では、1次関数で近似してきましたが、曇りが1、雨が2、雪

が3という表現が妥当だとは考えにくいでしょう。曇りと雨の間隔が1のとき、雨と雪の間隔も1、という根拠もありませんし、曇りを2倍すると雨で、3倍すると雪になるとは思えません。

そこで、このような質的データを数量データとして表現するときに、**表6.3**のような表現方法を使います。つまり、いずれの項目も0と1で表現することにするのです。

●表6.3　数量化Ⅰ類での数量データへの変換●

No	日	月	火	水	木	金	土	晴れ	曇り	雨	雪
1	0	0	0	1	0	0	0	0	0	1	0
2	0	0	0	0	1	0	0	0	1	0	0
3	0	0	0	0	0	1	0	1	0	0	0
4	0	0	0	0	0	0	1	1	0	0	0
5	1	0	0	0	0	0	0	0	1	0	0
...	...	...	...	...	...	...	...	...	...	...	...
100	0	0	0	1	0	0	0	0	1	0	0

これなら順序や間隔などを意識せずに回帰分析が可能です。使う変数の数は非常に多くなってしまいますが、ベクトルで処理して、コンピュータに計算を任せるだけです。

■数量化Ⅰ類での数量データの扱い

ここで気になるのが、最初から数量データである変数です。例えば、気温や湿度、来店者数、販売単価、年齢など、数値で与えられるデータはたくさんあります。このような場合、そのまま使うことは可能でしょうか？

もちろん、使うことも可能なのですが、他のデータが0と1なのに数量データだけそのまま使うのは変な感じがします。そこで、このようなデータもいったん質的データに変換する方法が考えられます。

例えば、気温の場合は20℃未満を0、20℃以上25℃未満を1、25℃以上30℃未満を2、30℃以上35℃未満を3、35℃以上を4、といった具合です。そして、それぞれを上記のように0と1に変換するのです。これをすべての項目に適用すると、数量データでも問題なく扱えます。

■説明変数を減らす

数量データも質的データに変換することで数量化Ⅰ類を適用できましたが、問題なのは説明変数が多くなりすぎる可能性があることです。

例えば、年齢データを5歳単位で質的データに変換したとします。この場合、0歳から5歳、5歳から10歳、…、90歳から95歳、95歳から100歳、…と分けられるかもしれま

せん。しかし、どこまで続ければよいでしょうか？

　最高齢の方を考えると、120歳やそれ以上まで用意する必要があるかもしれません。しかし、現実的には人数が圧倒的に少ないのです。このような場合は、説明変数ごとに件数を調べて、少ないものは他に統合する方法が考えられます。

　例えば、小売店での顧客リストを年齢データで分析することを考えると、20代から50代くらいが多くても、10歳未満や90歳以上はほとんどいないことも考えられます。そこで、多い年齢層は5歳単位、少ない年齢層は10歳単位、80歳以上は1つにまとめる、という方法も考えられます。

　このように説明変数を減らすことも有効です。もちろん、統計的にデータを調べる場合もありますが、ある程度は分析者の主観的な判断で問題ないことも多いでしょう。

確率の回帰分析を行う
〜ロジスティック回帰

6.4.1　確率と対数を使って回帰分析する〜ロジスティック回帰分析

■0から1に変換する

　回帰分析と確率、対数が合わさった考え方として、**ロジスティック回帰分析**があります[*5]。回帰分析では中古車の価格予測を行ったときには、予測した値が数値でしたが、ロジスティック回帰分析では2つの値のどちらに入るかの確率を予測するために使われます。確率なので、0から1の間の値が出力されるのが特徴です。

　例えば、体重、腹囲、体脂肪率をもとに病気になるか、ならないか、という確率を予測する、といった使われ方が考えられます。ビジネスの場面では、来店者の年齢や来店頻度などからその客が購入するかどうか、購入確率を計算します。また、天気予報の場合では、「晴れ」「雨」といった分類ではなく、降水確率を予測できると便利です。このように、予測する範囲を0から1の範囲に変換することで、「ある事象の発生率」を判別するのです。

　ロジスティック回帰分析も回帰分析と同じように $y = ax + b$ のような1次関数で表現することを考えましょう。結果は0から1の範囲になってほしいのですが、1次関数は直線なので、この範囲を超えてしまいます。

　そこで、1次関数で求められた値に何らかの細工をして、0から1の範囲に変換する方法を考えます。わかりやすい例として、$y = \dfrac{1}{1 + e^{-x}}$ という関数を見てみましょう。なお、ここでの e は付録にある $e = 2.7182818\ldots$ という定数（ネイピア数）です。

　これは、**図6.6**のようなグラフになる関数で、**シグモイド関数**とも呼ばれています。これを使うと、任意の x 座標を与えたときに、0から1の範囲にある値を返してくれます。つまり、1次関数で求めた値をシグモイド関数に渡すことで、確率を計算できるのです。

[*5]　対数について、詳しくは巻末の付録を参照してください。

問題は、この 1 次関数における a と b をどのように決めるのか、ということです。これまでに紹介した回帰分析では、それぞれのデータから、回帰式で表される直線までの距離を最小にする最小二乗法を使いました。ロジスティック回帰分析では確率で考えるため、正しく分類される確率が最も高くなるように a と b を決める必要があるのです。

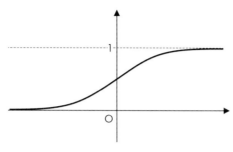

●図 6.6　シグモイド関数のグラフ●

■尤度関数と最尤推定法

　確率を推定する方法について考えるとき、簡単のため「画鋲を投げたときに針が上を向く確率」について考えてみましょう。ただし、針が上を向く確率はわからないものとすると、**表 6.4** のように整理できます。

●表 6.4　画鋲の向きの確率分布●

画鋲	針が上	針が下
確率	p	$1 - p$

　試しに 5 回投げてみたところ、「上」「下」「上」「上」「下」となりました。画鋲を投げるという試行は独立なので、針が上を向く確率が p のとき、このような向き方をする確率は、$p \times (1 - p) \times p \times p \times (1 - p) = p^3 \times (1 - p)^2$ で計算できます。

　この式を使って、針が上を向く確率 p を考えてみましょう。$p^3 \times (1 - p)^2$ のグラフを描いてみると**図 6.7** が得られ、p が 0.6 のとき最大になっています。このような関数を**尤度関数**といいます。実際にやってみた結果（観測結果）からみて、p の値として「尤もらしい（もっともらしい）」と考えるのです。

　つまり、単純に「5 回投げて 3 回上を向いたから確率は 0.6 だ」とするのではなく、「やってみたところ、0.6 くらいが尤もらしい」とする考え方です。

　この関数で最大となるものを求めるのですが、大事なのは最大値を求めるのではなく、最大となる p を求めることです。

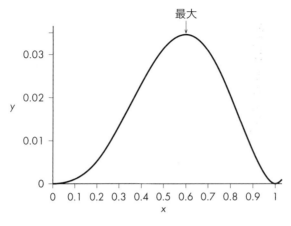

●図 6.7　$y = x^3 \times (1-x)^2$ のグラフ●

　ロジスティック回帰分析において、「病気かどうか」「購入するかどうか」「雨が降るかどうか」というような 2 つに分類する場合、一方に属する確率を p とすると、もう一方に属する確率は $1 - p$ です。そこで、正解の分類 t が 0 と 1 のどちらかの値として与えられたとき、$P = p^t (1-p)^{1-t}$ という式で尤度関数を表現すると、正解の分類がどちらでも 1 つの式で表現できます。つまり、$t = 1$ のとき（例えば病気であるとき）の確率は $P = p$ ですし、$t = 0$ のとき（病気でないとき）の確率は $P = 1 - p$ となります。

　これをすべてのデータについて処理するのですが、確率 p は 0 から 1 の範囲の値であるため、掛け算をするたびに値がどんどん小さくなります。あまりにも小さな値をコンピュータで処理するとアンダーフローが発生し、精度の問題を考えなければなりません。

　そこで、両辺の対数をとることで、掛け算を足し算に変形します。つまり、

$$\log P = t \log p + (1-t) \log (1-p)$$

と計算できます。

　これをすべてのデータについて計算した和を最大化すれば、そのパラメータを求められます。これを**最尤推定法**といい、ロジスティック回帰分析にもこの方法を使えそうです。実際に、ロジスティック関数では誤差を最小にするために「交差エントロピー誤差関数」という関数が使われます。これは、

$$-\sum_{k=1}^{n} (t_k \log p_k + (1 - t_k) \log (1 - p_k))$$

という関数で、これを最小化するのです。

■ロジスティック回帰分析を試す

前述の計算方法を使ってロジスティック回帰分析をしてみましょう。ここでは、室温、湿度、使用頻度のデータを使って、ある製品の故障率を予測することを考えます。

例えば、**表6.5**のようなデータがあったとします。これに対して、

$$(故障率) = a \times (室温) + b \times (湿度) + c \times (使用頻度) + d$$

という式で予測します（実際には、前述のシグモイド関数に当てはめて確率を計算します）。

●表6.5　故障率の予測に使うデータ●

故障有無〔1：有、0：無〕	室温〔℃〕	湿度〔%〕	使用頻度〔回/日〕
1	25.0	80	5
1	27.1	65	3
1	28.2	64	6
1	32.3	72	4
1	33.8	82	4
0	25.3	45	2
0	24.7	52	1
0	26.3	60	3
0	28.2	70	1
0	27.6	49	4

Pythonではscikit-learnの線形モデル（`linear_model.LogisticRegression`）を使うと便利です。

```Python
import pandas as pd
from sklearn.linear_model import LogisticRegression

df = pd.DataFrame([
    [1, 25.0, 80, 5],
    [1, 27.1, 65, 3],
    [1, 28.2, 64, 6],
    [1, 32.3, 72, 4],
    [1, 33.8, 82, 4],
    [0, 25.3, 45, 2],
    [0, 24.7, 52, 1],
    [0, 26.3, 60, 3],
    [0, 28.2, 70, 1],
    [0, 27.6, 49, 4]
])
df.columns = ['malfunction', 'temperature', 'humidity', 'frequency']
```

```
x_train = df[['temperature', 'humidity', 'frequency']]
y_train = df['malfunction']

model = LogisticRegression(solver='liblinear')
# 学習の実行
model.fit(x_train, y_train)

# 正解率の確認
model.score(x_train, y_train)
```

```
0.9
```

そして、回帰係数を取得します。

Python

```
[model.coef_, model.intercept_]
```

```
[array([[-0.60010082, 0.21984, 0.99500508]]), array([-0.15941032])]
```

つまり、$y = -0.6 \times (室温) + 0.22 \times (湿度) + 1 \times (使用頻度) - 0.16$ といった式で求められ、正解率が約 90% になる、ということです。実際に、この式に当てはめてみましょう（**表6.6**）。

●表6.6　Python での予測結果●

室温〔℃〕	湿度〔%〕	使用頻度〔回/日〕	予測結果
25.0	80	5	7.44
27.1	65	3	0.88
28.2	64	6	3.00
32.3	72	4	0.30
33.8	82	4	1.60
25.3	45	2	−3.44
24.7	52	1	−2.54
26.3	60	3	0.26
28.2	70	1	−0.68
27.6	49	4	−1.94

そして、シグモイド関数に当てはめて考えると、この予測結果のプラスとマイナスで判断できます。この結果をみると、実際に 10 件のうち 9 件は合致していることがわかります。

R では glm という関数を使います。回帰分析では lm という関数を使いましたが、同じよ

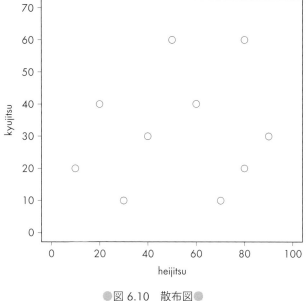

●図 6.10　散布図●

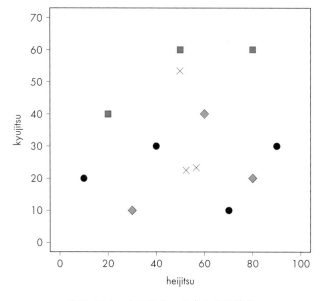

●図 6.11　クラスターの中心を計算●

それを新たなクラスターの中心とします（**図 6.12**）。

　これを繰り返すと、徐々に割り当てられるクラスターが変わっていきます。値が変化しなくなったら、処理終了です。今回の場合、**図 6.13** のようになりました。

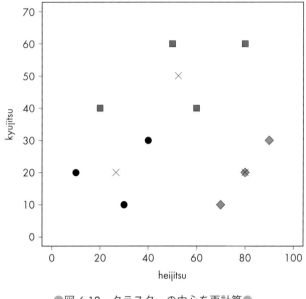

●図 6.12　クラスターの中心を再計算●

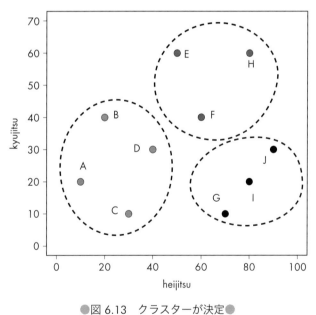

●図 6.13　クラスターが決定●

　実際にどのように分類されるのかを、プログラムで調べてみましょう。Python では、
scikit-learn の `cluster.KMeans` を使うと便利です。

```python
from sklearn.cluster import KMeans
import numpy as np

x = [10, 20, 30, 40, 50, 60, 70, 80, 80, 90]
y = [20, 40, 10, 30, 60, 40, 10, 60, 20, 30]
data = np.array([x, y])
KMeans(n_clusters=3).fit_predict(data.T)
```

```
array([0, 0, 0, 0, 2, 2, 1, 2, 1, 1], dtype=int32)
```

R では標準で kmeans 関数が用意されていますので、これを実行するだけです。

R

```r
x <- c(10, 20, 30, 40, 50, 60, 70, 80, 80, 90)
y <- c(20, 40, 10, 30, 60, 40, 10, 60, 20, 30)

data <- data.frame(x = x, y = y)
km <- kmeans(data, 3)

km$cluster
```

```
2 2 2 2 3 3 1 3 1 1
```

6.5.2　階層型クラスタリング

■樹形図を作る

非階層型の k-平均法とは異なる階層型のクラスタリング手法についても紹介します。これは、近いものを集めていき、最終的にすべてのデータを 1 つにまとめる方法です。先ほどのデータを使って試してみましょう。

最初に、すべての点の組み合わせに対して、dist 関数を使ってそれぞれの距離を計算しておきます。

R

```r
x <- c(10, 20, 30, 40, 50, 60, 70, 80, 80, 90)
y <- c(20, 40, 10, 30, 60, 40, 10, 60, 20, 30)
```

```
data <- data.frame(x = x, y = y)
rownames(data) = c('A', 'B', 'C', 'D', 'E', 'F', 'G', 'H', 'I', 'J')

distance <- dist(data)
distance
```

```
          A        B        C        D        E        F
B 22.36068
C 22.36068 31.62278
D 31.62278 22.36068 22.36068
E 56.56854 36.05551 53.85165 31.62278
F 53.85165 40.00000 42.42641 22.36068 22.36068
G 60.82763 58.30952 40.00000 36.05551 53.85165 31.62278
H 80.62258 63.24555 70.71068 50.00000 30.00000 28.28427
I 70.00000 63.24555 50.99020 41.23106 50.00000 28.28427
J 80.62258 70.71068 63.24555 50.00000 50.00000 31.62278
          G        H        I
B
C
D
E
F
G
H 50.99020
I 14.14214 40.00000
J 28.28427 31.62278 14.14214
```

　そして、もっとも距離が近い2つの点を選び、クラスターを1つ作ります。今回は「G」
と「I」、「I」と「J」が近いため、ここでは「I」と「J」をクラスターにしてみましょう。

　このとき、できたクラスターを1つの点とみなして、次に近いものとクラスターを作り
ます。これをすべての点に対して繰り返すと、全体が1つのクラスターになります。

　このクラスターを樹形図で表してみましょう。Rでは、hclust関数で階層型クラスタリ
ングが可能で、その結果をplot関数に渡すことで次の**図6.14**を作成できます。

R

```
hc <- hclust(distance)
plot(hc)
```

　この樹形図のように、階層型クラスタリングでは樹形図を下から上に進みます。2つの
線が交わっているところでクラスタを結合していると考えると、樹形図の下の方から順に

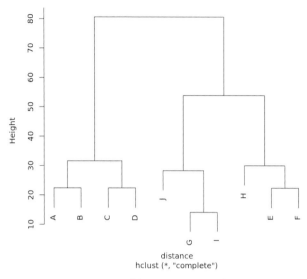

Cluster Dendrogram

distance
hclust (*, "complete")

●図6.14 樹形図での表現（R）●

結合したことがわかります。そして、2つに分ける場合は高さが55から80あたりで、3つ
に分ける場合は高さが35から55あたりで分割すればいい、というわけです。

　このように、クラスターを作成したあとで好きな数に分けられる、というのが階層型ク
ラスタリングの特徴です。ただし、ここでクラスターを1つの点とみなすとき、他の点と
の距離をどう計算するのか、という問題があります。1つの方法は、各クラスターの中で、
他と一番近い点との距離をクラスター間の距離とする方法で、**最短距離法**といいます。他に
も、最長距離法やウォード法などがよく使われます。これらをhclust関数の引数などで指
定できますので、ぜひ試してみてください。

　Pythonではscipyのcluster.hierarchyを使ってみましょう（**図6.15**）。

```Python
from scipy.cluster.hierarchy import linkage,dendrogram,fcluster
import matplotlib.pyplot as plt
import pandas as pd

data = pd.DataFrame([
    [10, 20],
    [20, 40],
    [30, 10],
```

```
    [40, 30],
    [50, 60],
    [60, 40],
    [70, 10],
    [80, 60],
    [80, 20],
    [90, 30]
])

link = linkage(data, metric = 'euclidean', method = 'complete')
dendrogram(link,
    labels = ['A', 'B', 'C', 'D', 'E', 'F', 'G', 'H', 'I', 'J'])
plt.show()
```

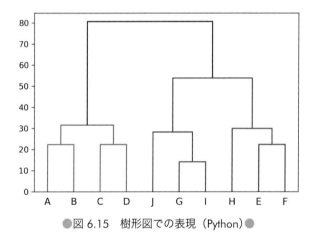

●図 6.15　樹形図での表現（Python）●

　このようにクラスタリングすることで、それぞれの店舗がどのような特徴を持つのかを
考えてみましょう。例えば、A, B, C, D は「平日・休日ともに売上が少ないグループ」、E,
F, H は「平日・休日ともに売上が多いグループ」、G, I, J は「平日は売上が多いが、休日
は少ないグループ」と考えられます。

　クラスタリングにより新しいデータが与えられたときに、その分類を考えることもできま
すし、既存のデータについてどのようにビジネスに活用するかを考えるのも有効でしょう。

付録

基本的な
数学知識の解説

[A.1]
関数（微分、積分、指数、対数）

A.1.1　微分

■ 接線の傾き

　関数のグラフが曲線になるとき、その変化を見るには各点における傾きを考える方法があります。これは、各点において接線を引くことです。

　例えば、$y = x^2$ のグラフ（**図 A.1**）の場合、最小値の近くでグラフが x 軸と平行に近くなっています。

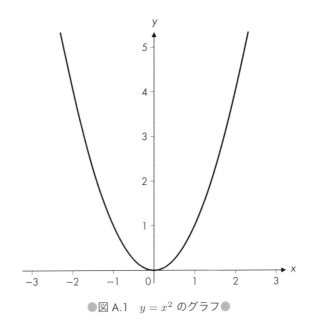

●図 A.1　$y = x^2$ のグラフ●

実際に、いくつかの点における x 座標と y 座標を調べ、その間の変化を矢印で表すと、**表 A.1** のようになりました。

●表 A.1　対応表と y 座標の変化●

x	$\cdots$	-3	$\cdots$	-2	$\cdots$	-1	$\cdots$	0	$\cdots$	1	$\cdots$	2	$\cdots$	3	$\cdots$
y	$\searrow$	9	$\searrow$	4	$\searrow$	1	$\searrow$	0	$\nearrow$	1	$\nearrow$	4	$\nearrow$	9	$\nearrow$

このように、変化の矢印が下がっているところから上がっているところに切り替わる点が極小値です。そこで、この切り替わるポイントを求めるには、どうやって計算すればよいのかを考えます。

例えば、グラフ上の 2 点をいくつか選び、その 2 点間の x と y の変化の割合を調べると、切り替わるポイントがわかりそうです。これを「2 点間の傾き」といい、$\dfrac{y\,の増加量}{x\,の増加量}$ で求められます。

2 次関数のグラフは直線ではありませんので、グラフ上の傾きではなく、2 点間の傾きだけを求めています。「グラフの傾き」というよりは「接線の傾き」を求めることが目的です。

図 A.2 のようなグラフで、選ぶ 2 点間の水平距離を h とすると、点 A と点 B の間の傾きは次の式で求められます。

$$\frac{y\,の増加量}{x\,の増加量} = \frac{f(a+h) - f(a)}{(a+h) - a} = \frac{f(a+h) - f(a)}{h}$$

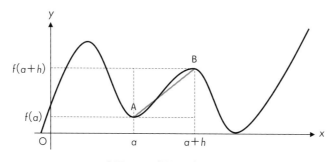

●図 A.2　傾きを求める●

この x 軸の水平方向の間隔 h を狭くしていくことで、点 A における接線の傾きを求められます。この点 A における接線の傾きを求めるために、水平方向の間隔をできるだけ 0 に近づけてみます。

ここでは、分母の h を 0 に近づけてみましょう。これを次のように書きます。

$$\lim_{h \to 0} \frac{f(a+h) - f(a)}{h}$$

ここで、h に 0 を代入してしまうと分母が 0 になってしまうので、「0 に近づける」ことが大切です。この式は、横方向の幅を限りなく 0 に近づけており、点 B はほぼ点 A に重なります。この値を点 a における**微分係数**といい、この微分係数を求める操作を**微分**といいます。

グラフ上のさまざまな点 x に対して微分係数を求めると、これも x の関数となり、すべての点における傾きを x の関数として表したものを**導関数**といいます。微分係数が各点における接線の傾きを表すため、選ぶ x 座標によって傾きが変わり、これを関数として考えるわけです。

そこで、関数 $y = f(x)$ の導関数を y' や $f'(x)$ のように表現します。y' が x についての導関数であることを明確にするために、$\dfrac{dy}{dx}$ や $\dfrac{d}{dx}f(x)$、$\dfrac{df}{dx}$ のように書くこともあります。

実際に $f(x) = x^2$ について考えると、

$$\frac{f(x+h) - f(x)}{h} = \frac{(x+h)^2 - x^2}{h} = \frac{2hx + h^2}{h} = 2x + h$$

なので、導関数は

$$f'(x) = \lim_{h \to 0} \frac{f(x+h) - f(x)}{h} = 2x$$

となります。これを使うと、$x = 0$ のときの微分係数 $f'(0)$ は 0、$x = 1$ のときの微分係数 $f'(1)$ は 2 だと計算できます。微分係数はグラフにおける接線の傾きを表すため、グラフを描く前にこの微分係数を計算すると、ざっくりとしたグラフの形がわかります。

■ 増減表を作成する

グラフの形を考えるときに必要なのは、どこで傾きが右肩下がりから右肩上がりに反転するのか、といった情報です。この反転する場所などを整理したものを**増減表**といい、傾きが 0 の地点の前後で傾きの値の増減を記述します。

例えば、$y = x^2$ について考えると、$y' = 2x$ なので、傾きが 0 になるのは $x = 0$ のときです。また、$x < 0$ において、y' の値はマイナスなので関数は減少傾向にあり、$x > 0$ において y' の値はプラスなので関数は増加傾向にあることがわかります。そこで、$x = 0$ の前後で傾きを調べると、増減表は**表 A.2** のように作成できます。

●表 A.2　$y = x^2$ の増減表●

x	$\cdots$	0	$\cdots$
y'	$-$	0	$+$
y	$\searrow$	0	$\nearrow$

■ 微分の計算

$y = x^2$ の導関数は $y' = 2x$ と求められました。一般に、$y = ax^n$ の導関数は $y' = nax^{n-1}$ で求められます。つまり、次数を係数に掛け算し、次数を 1 つ減らすのです。

例えば、次のように求められます。

$$y = x^3 \quad \Rightarrow \quad y' = 3x^2$$

$$y = x^4 \quad \Rightarrow \quad y' = 4x^3$$

また、多項式の場合は、それぞれの項について微分して導関数を求められます。

$$y = x^4 + x^3 + x^2 + x + 1 \quad \Rightarrow \quad y' = 4x^3 + 3x^2 + 2x + 1$$

この計算方法を知っておくと、極限の lim を使って計算することはほとんどありません。

■ 極大値、極小値

傾きの符号が切り替わる点の近くでは局所的に y の値が一番大きく（もしくは小さく）なります（**図 A.3**）。このように局所的な範囲で大きくなることを**極大**といい、そのときの値を**極大値**といいます。同様に、局所的な範囲で小さくなることを**極小**といい、そのときの値を**極小値**といいます。

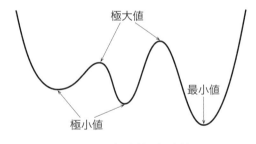

●図 A.3　極大値、極小値●

このような極大値や極小値を求めるときは、微分して微分係数が 0 になる x の値を調べ、増減表を作成します。

例えば、$y = x^4 - 2x^2 + \dfrac{1}{2}$ という関数を考えてみましょう。この場合、微分すると $y' = 4x^3 - 4x = 4x(x+1)(x-1)$ となり、これが 0 になるのは $x = -1,\ 0,\ 1$ のときです。

つまり、増減表は**表 A.3**のように、グラフは**図 A.4**のようになります。

●表 A.3　$y = x^4 - 2x^2 + \dfrac{1}{2}$ の増減表●

x	$\cdots$	-1	$\cdots$	0	$\cdots$	1	$\cdots$
y'	$-$	0	$+$	0	$-$	0	$+$
y	$\searrow$	$-\dfrac{1}{2}$	$\nearrow$	$\dfrac{1}{2}$	$\searrow$	$-\dfrac{1}{2}$	$\nearrow$

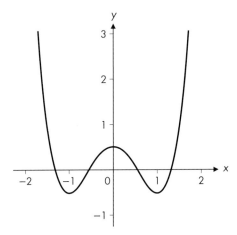

●図 A.4　増減表とグラフ●

■ **偏微分**

　1 変数の関数の場合、対象の変数 x に対して x 座標の増加量を限りなく 0 に近づけるだけで、単純に計算できました。しかし、変数が 2 つ以上ある多変数関数の場合、それぞれのパラメータごとに増加量を考えなければなりません。このとき、微分して求められる傾きも方向も異なります。

　そこで、微分する変数を 1 つ指定し、その他の変数を定数として扱って微分する方法を**偏微分**といいます。そして、すべての変数について、その値を求めます。

　例えば、複数の変数を持つ関数として、次の関数を考えてみましょう。

$$f(x,\ y) = x^2 + 3xy + 2y^2$$

この関数は**図 A.5** のような 3 次元空間上のグラフで表されます。

　この関数において、x と y の両方についての導関数を求めることで、それぞれの点における微分係数を計算します。つまり、この関数に登場する変数 $x,\ y$ に対して、それぞれ偏微分するのです。

　x の関数として微分するには、y を数字と同じような定数として考えます。つまり、$f(x,\ y)$ を x で微分すると、次のような導関数が求められます。

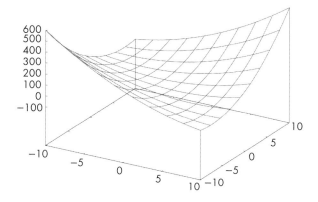

●図 A.5　$f(x, y) = x^2 + 3xy + 2y^2$ のグラフ●

$$\frac{\partial f}{\partial x} = 2x + 3y$$

このように、偏微分は ∂（ラウンドディー、デルなどと読む）という記号を使って表現します。偏微分では、残りの変数を定数とみなすだけで、微分の計算方法は同じです。

同様に、これを y の関数とみたとき、x を数字と同じような定数として考えると、次のような導関数が求められます。

$$\frac{\partial f}{\partial y} = 3x + 4y$$

つまり、x, y のそれぞれに着目した導関数が 2 つ求められます。

■多変数関数で最小値を求める

変数が 1 つの場合に極大値や極小値を求めるとき、微分して微分係数が 0 になる x の値を調べました。多変数関数の場合も同様に、偏微分してそれぞれの偏微分係数が 0 になる変数の値を調べます。

例えば、$z = f(x, y)$ の場合、極大値や極小値を求めるときに使われる条件は以下の通りです。

$$\frac{\partial f}{\partial x} = 0, \quad \frac{\partial f}{\partial y} = 0$$

これは、あくまでも傾きが 0 になる点で極大値や極小値を求めるだけなので、必ずしも最大値や最小値になるとは限りません。

ただし、この式を満たす場合のいずれかが最小値になる、と考えるとこの式を解くことで、答えに近づけるのです。

A.1.2　積分

■不定積分

前節では、ある関数を微分した関数を求めましたが、逆に、微分した関数から元の関数を求めることを考えてみましょう。このような、微分と反対の操作を**積分**といいます。

例えば、$y = x^2$ や $y = x^2 + 1$、$y = x^2 - 5$ といった関数があったとします。これらを微分すると、いずれも $y' = 2x$ でした（定数の部分はすべて 0 になる）。

今度は、$y = 2x$ という関数を積分してみます。積分は次のように書きます。

$$\int 2x \, dx = x^2 + C$$

この $\int$ はインテグラルと読み、積分を意味する記号です。また、dx は x で積分することを意味します。C は**積分定数**と呼ばれ、どんな数でもよいものです。

上記のように、$y = x^2$ や $y = x^2 + 1$、$y = x^2 - 5$ といった関数はいずれも微分すると $y' = 2x$ になります。そして、定数部分には任意の値が入ります。このように定数部分が定まらない積分を**不定積分**といいます。そして、不定積分は x を変えると値が変わるので、関数だといえます。

一般に、$F(x)$ を微分して $f(x)$ になるとき、

$$\int f(x) \, dx = F(x) + C$$

と書きます。

不定積分では定数部分が定まりませんが、微分する前の関数が $x = 1$ のとき $y = 3$ である、といった情報があれば、$y = x^2 + 2$ のように積分定数を決められます。

■定積分

「チリも積もれば山となる」という言葉がありますが、微分とは細かく分けることなので、「チリ」に該当するといえます。そして、それを積み重ねることが積分に該当します。

つまり、積分は細かく分けたものを積み重ねたものです（**図 A.6**）。ここで、積み重ねる範囲を指定することにします。

例えば、$x = 1$ から $x = 3$ までの範囲で $y = 2x$ という関数を積分してみましょう。この場合、次のように書きます。

$$\int_1^3 2x \, dx$$

不定積分のときと同様に、$F(x)$ を微分して $f(x)$ になるとき、

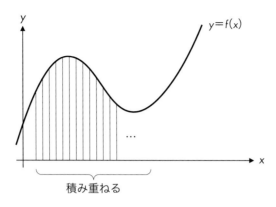

●図 A.6　定積分の考え方●

$$\int_a^b f(x)\ dx = F(b) - F(a)$$

で計算することにします。これを $x = a$ から $x = b$ の範囲の**定積分**といいます。このように、定積分には定数部分はありません。

　実際には、次のように定数部分が消えている、と考えるとわかりやすいでしょう。

$$\int_a^b f(x)\ dx = (F(b) + C) - (F(a) + C) = F(b) - F(a)$$

　実際に上記の例で計算してみると、$F(x) = x^2$ のとき $f(x) = 2x$ なので、

$$\int_1^3 2x\ dx = 3^2 - 1^2 = 8$$

と計算できます。つまり、積分の範囲が指定されていると、得られるのは関数ではなく値になります。そして、実はこの値が指定された範囲において、関数と x 軸で囲まれる部分の面積と一致します。詳しい証明はここでは省略しますが、実際に試してみましょう。例えば、**図 A.7** のような部分の面積を求めることを考えます。

　この台形の面積を求めてみましょう。台形の面積は (上底 + 下底) × 高さ ÷ 2 で求められるので、$\dfrac{(2+6) \times 2}{2} = 8$ となり、上記の積分の計算により正しい値が求められていることがわかります。

　これを使うと、$y = x^3 - 4x^2 + 4x + 1$ のような複雑な関数で囲まれる部分の面積も簡単に計算できます。この関数は積分すると、

$$\int (x^3 - 4x^2 + 4x + 1)\ dx = \frac{1}{4}x^4 - \frac{4}{3}x^3 + 2x^2 + x + C$$

なので、**図 A.8** のように $x = 0$ から $x = 3$ までの範囲の面積は次のように計算できます。

付録

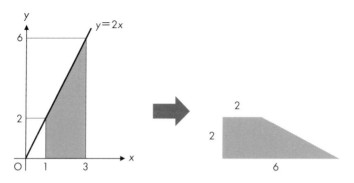

●図 A.7　積分で求められる面積●

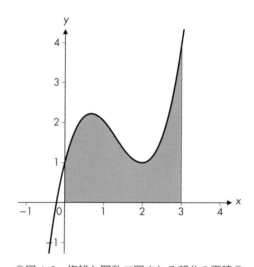

●図 A.8　複雑な関数で囲まれる部分の面積●

$$\int_0^3 (x^3 - 4x^2 + 4x + 1)\,dx = \left(\frac{1}{4} \times 3^4 - \frac{4}{3} \times 3^3 + 2 \times 3^2 + 3 \right) - 0$$
$$= \frac{81}{4} - 12 + 18 + 3$$
$$= \frac{117}{4}$$

A.1.3　指数関数と対数関数

■ 指数関数

　1次関数や2次関数のように、多項式で表されるものではなく、累乗を考えたものとし

て**指数関数**があります。指数関数は $y = 2^x$ のように表現され、この 2 を**底**、x を**指数**といいます。

例えば、$x = 5$ のとき、$y = 2^5 = 2 \times 2 \times 2 \times 2 \times 2$ を意味します。ここで、$2^2 \times 2^3$ を考えると、$2 \times 2 \times 2 \times 2 \times 2$ なので 2^5 です。また、$(2^3)^2$ は $(2 \times 2 \times 2)^2$ なので、2^6 です。

つまり、掛け合わされている個数を考えると、次の関係が成り立ち、これを**指数法則**といいます。

$$a^{x+y} = a^x \times a^y$$

$$(a^x)^y = a^{xy}$$

なお、a がどんな数でも、$a^0 = 1$ と定義します。これにより、$a^{x-x} = a^x \times a^{-x} = 1$ となり、次のように指数がマイナスの場合にも一般化できます。

$$a^{-x} = \frac{1}{a^x}$$

指数法則を見ると、掛け算を足し算に変換できることがわかります。ここでは、指数部分が整数の場合のみを考えましたが、一般に指数部分が分数の場合にも拡張できます。本書では指数部分が整数の場合しか扱いませんので、解説は省略します。

■ 対数関数

指数を逆に考えると、10^{123} のような大きな数も 123 といった小さな数に変換して扱えます。

指数関数を逆に考えて、$a^y = x$ を満たすような y を求めることを考えます。この y のことを底を a とする x の**対数**といい、次のように表現します。

$$y = \log_a x$$

例えば、$2^3 = 8$ なので、$3 = \log_2 8$ です。指数関数のグラフが常に $y > 0$ であったことを考えると、この x は常に正の数であることがわかります。

また、$a^y = x$ の両辺を M 乗すると、$(a^y)^M = x^M$ で、指数法則より $a^{My} = x^M$ です。これも対数をとると、$My = \log_a x^M$ なので、$M \log_a x = \log_a x^M$ です。つまり、一般に次の式が成り立ちます。

$$\log_a x^y = y \log_a x$$

同様に、指数法則では $a^{x+y} = a^x \times a^y$ が成り立ちました。ここで、$a^x = M,\ a^y = N$ とすると、$x = \log_a M,\ y = \log_a N$ が成り立ちます。そして、指数法則の右辺を置き換えると $a^{x+y} = MN$ なので、$x + y = \log_a MN$ です。つまり、$\log_a M + \log_a N = \log_a MN$ なので、対数の場合には次の式が成り立ちます。

$$\log_a xy = \log_a x + \log_a y$$

これは、掛け算を足し算に変換できることを意味し、大きな数を扱う場合によく使われます。逆方向も成り立ちますが、底が同じであることが必要です。

つまり、$\log_2 x + \log_4 y$ のような計算はこのままの形ではできません。そこで、底が異なる対数の和を計算する場合には底を揃える必要があります。このような場合には次の**底の変換公式**が使われます。これを使うと、対数の底を自由に変更できます。

$$\log_a b = \frac{\log_c b}{\log_c a}$$

上記の $\log_2 x + \log_4 y$ であれば、次のように変形すると計算できます。

$$\begin{aligned}
\log_2 x + \log_4 y &= \log_2 x + \frac{\log_2 y}{\log_2 4} \\
&= \log_2 x + \frac{\log_2 y}{2} \\
&= \log_2 x + \log_2 y^{\frac{1}{2}} \\
&= \log_2 xy^{\frac{1}{2}}
\end{aligned}$$

この対数を関数と考えたものが**対数関数**です。

日常的によく使うのが、底として 10 を指定したもので、これを**常用対数**といいます。例えば、1 億といった大きな数を扱うことを考えてみましょう。1 億は 100,000,000 と多くの 0 が並びますが、指数を使うと 10^8 と表せます。そして、$\log_{10} 10^8 = 8$ なので、1 億という大きな値でも対数を使うことで 8 という身近な数に変換できるのです。

10 進数をよく使う日常生活においては、常用対数が便利なように思うのですが、数学の世界では、**ネイピア数**という数がよく使われ、e と書きます。これは、$2.7182818\cdots$ と無限に続く数です。

これを底とする対数のことを**自然対数**といい、対数の底を省略した場合の多くは、底が e であることを表しています。つまり、$\log e = 1$ です。また、$\log_e x$ のことを $\ln x$ と書くこともあります[*1]。

この自然対数は確率の分野でもよく使われます。

---

*1 ln は自然対数を意味するラテン語の「logarithmus naturalis」の略。

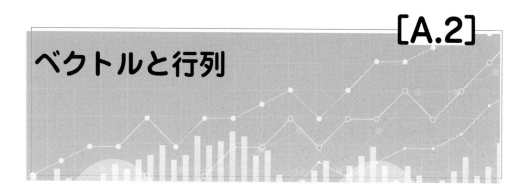

[A.2]
ベクトルと行列

A.2.1　ベクトル

■大きさと向きを持つ量

R ではリストを表現するときにベクトル（ベクター）というデータ構造を使いました。数学では、ベクトルというと、「大きさ」と「向き」を持つ量のことをいいます。

例えば、**図 A.9** のような平面や、**図 A.10** のような空間において、その大きさと向きを考えます。

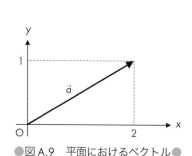

●図 A.9　平面におけるベクトル●　　●図 A.10　空間におけるベクトル●

ベクトルは大きさに加えて向きを持つため、高校の教科書などではアルファベットの上に矢印を使って、$\vec{a}, \vec{b}$ のように書きます。しかし、多くの数学書は $\boldsymbol{a}, \boldsymbol{b}$ のように太字のアルファベットで書いています。本書でも、このように太字のアルファベットで書きます。

ベクトルを表現するときは座標軸を考えて、原点からの距離をその軸の数だけ並べて記述します。このそれぞれの値のことを**成分**や**要素**といいます。2 次元の場合は x 座標と y 座標、3 次元の場合は x 座標、y 座標、z 座標を順に表すことが一般的です。

例えば、2 次元の座標平面の場合は $\boldsymbol{a} = (2,1)$、3 次元の座標平面の場合は $\boldsymbol{b} = (3,2,1)$ のように書きます。この $\boldsymbol{a}$ と $\boldsymbol{b}$ が、図 A.9、図 A.10 の $\vec{a}, \vec{b}$ にそれぞれ対応しています。

■ベクトルの計算

2 つのベクトルがあったとき、その和や差を求めることを考えましょう。ベクトルの和を計算するには、各成分をそれぞれ足し算するだけです。例えば、2 つのベクトル $\boldsymbol{a} = (3,2)$, $\boldsymbol{b} = (1,4)$ があったとき、その和は次のように求められます。

$$\boldsymbol{a} + \boldsymbol{b} = (3+1, 2+4) = (4,6)$$

図 A.11 のように座標平面で考え、平行四辺形をイメージするとわかりやすいでしょう。

ベクトルは「大きさと向き」だけで考えられますので、位置は意識する必要がありません。ベクトルの大きさと向きを保ったまま、$\boldsymbol{b}$ の始点を $\boldsymbol{a}$ の終点に位置を移動する、または $\boldsymbol{a}$ の始点を $\boldsymbol{b}$ の終点に移動すると簡単に求められるのです。

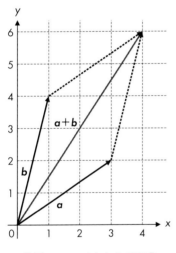

●図 A.11　ベクトルの和●

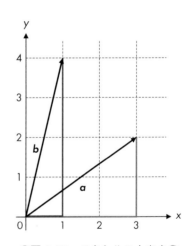

●図 A.12　ベクトルの大きさ●

さらに、ベクトルを表す矢の長さをベクトルの大きさといい、三平方の定理で計算できます（**図 A.12**）。大きさは、ベクトルを表す文字の両端を絶対値のように「|」で囲って $|\boldsymbol{a}|$ のように表現します（書籍によっては、$||\boldsymbol{a}||$ のように 2 本の線を使うこともあります）。

例えば、$\boldsymbol{a} = (3,2)$, $\boldsymbol{b} = (1,4)$ のとき、ベクトル $\boldsymbol{a}$, $\boldsymbol{b}$ の大きさは

$$|\boldsymbol{a}| = \sqrt{3^2 + 2^2} = \sqrt{13}, \quad |\boldsymbol{b}| = \sqrt{1^2 + 4^2} = \sqrt{17}$$

と計算できます。

2つのベクトルの掛け算を考えるとき、よく使われるのが「内積」で、「·」という記号を使って表現します。ベクトル $\boldsymbol{a} = (a_1, a_2)$ と $\boldsymbol{b} = (b_1, b_2)$ の内積は次の式で求められます。

$$\boldsymbol{a} \cdot \boldsymbol{b} = a_1 b_1 + a_2 b_2$$

　つまり、それぞれの成分を掛け算したものを足し算して求められます。例えば、$\boldsymbol{a} = (3, 2)$, $\boldsymbol{b} = (1, 4)$（**図 A.13** 左）のとき、ベクトル $\boldsymbol{a}$, $\boldsymbol{b}$ の内積は

$$\boldsymbol{a} \cdot \boldsymbol{b} = 3 \times 1 + 2 \times 4 = 11$$

と計算できます。

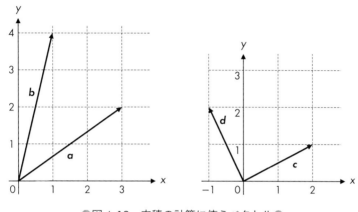

●図 A.13　内積の計算に使うベクトル●

　ベクトルの和は成分ごとに足し算したため、ベクトル同士の和はベクトルでした。ベクトルの内積は成分ごとに掛け算するだけでなく、その和を求めるため、スカラー（数値）になります。

　ここで、$\boldsymbol{c} = (2, 1)$, $\boldsymbol{d} = (-1, 2)$ という 2 つのベクトルを考えましょう（図 A.13 右）。この 2 つのベクトルの内積を求めると、

$$\boldsymbol{c} \cdot \boldsymbol{d} = 2 \times (-1) + 1 \times 2 = 0$$

と計算できます。この図を見ると、2 つのベクトルが垂直だとわかります。

　2 つのベクトルが垂直のとき、ベクトルの内積は常に 0 になります。そして、内積が正のときは 2 つのベクトルのなす角が 90 度より小さく、負のときは 90 度より大きくなります。

　2 つのベクトル $\boldsymbol{a}$, $\boldsymbol{b}$ が同じ向きのとき、その内積は $|\boldsymbol{a}||\boldsymbol{b}|$ に等しく、このときが最大です。同様に反対を向いているとき、その内積は $-|\boldsymbol{a}||\boldsymbol{b}|$ で最小です。つまり、2 つのベクトルのなす角で、内積の最大と最小を考えられます。

これは、第 6 章で解説した回帰分析などにおいても重要な考え方で、内積を最小にするには反対向きにすればいい、ということを覚えておきましょう。また、ベクトルの和や大きさ、内積はいずれも平面だけでなく空間などの次数が増えても同じことが成り立ちます。

A.2.2　行列

■行と列

ベクトルは 1 次元でしたが、横方向、縦方向ともに複数のデータを 2 次元に並べたものを**行列**といいます。Excel と同様に、横方向のデータを**行**、縦方向のデータを**列**といいます。また、それぞれのデータをベクトルと同じように**成分**または**要素**といいます。

本書では行列を A のように太字のアルファベット大文字で書き、縦と横に並んだ成分を括弧の中に入れて表現します。

$$A = \begin{pmatrix} 2 & 4 & 1 \\ 6 & 3 & 5 \end{pmatrix}$$

上記のような行列 A は行が 2 つ、列が 3 つなので、**2 行 3 列**の行列といいます。また、次の B, C のように行の数と列の数が同じ行列を**正方行列**といい、B は **2 次の正方行列**、C は **3 次の正方行列**といいます。

$$B = \begin{pmatrix} 1 & 2 \\ 3 & 4 \end{pmatrix},\ C = \begin{pmatrix} 1 & 2 & 3 \\ 4 & 5 & 6 \\ 7 & 8 & 9 \end{pmatrix}$$

■行列の足し算、引き算、定数倍

2 つの行列の和（足し算）や差（引き算）は、同じ位置の数を足したり引いたりして計算します。例えば、次の行列 X, Y に対して $X + Y$, $X - Y$ を計算してみましょう。

$$X = \begin{pmatrix} 1 & 5 & 4 \\ 3 & -2 & 1 \end{pmatrix},\ Y = \begin{pmatrix} -2 & 0 & 3 \\ 1 & 4 & -1 \end{pmatrix}$$

$$X + Y = \begin{pmatrix} -1 & 5 & 7 \\ 4 & 2 & 0 \end{pmatrix},\ X - Y = \begin{pmatrix} 3 & 5 & 1 \\ 2 & -6 & 2 \end{pmatrix}$$

同じ位置を足したり引いたりするため、和や差を求める場合には、行数と列数が同じである必要があります。

行列同士の足し算が各要素を足すと求められるということは、2 倍、3 倍など行列の定数倍も各要素を定数倍して求められます。

$$X = \begin{pmatrix} 1 & 5 & 4 \\ 3 & -2 & 1 \end{pmatrix} \quad \Rightarrow \quad 2X = \begin{pmatrix} 2 & 10 & 8 \\ 6 & -4 & 2 \end{pmatrix}$$

■行列の掛け算

定数倍ではなく、行列同士の**積**を求める場合は左側の行列の「行」と、右側の行列の「列」を掛け合わせて計算します（**図 A.14**）。

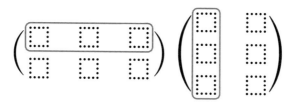

●図 A.14　行列の積●

2 つの行列 A, B が

$$A = \begin{pmatrix} a_{11} & a_{12} & a_{13} \\ a_{21} & a_{22} & a_{23} \end{pmatrix}, \quad B = \begin{pmatrix} b_{11} & b_{12} \\ b_{21} & b_{22} \\ b_{31} & b_{32} \end{pmatrix}$$

のとき、行列の積は次のように計算できます。

$$A \times B = \begin{pmatrix} a_{11} \times b_{11} + a_{12} \times b_{21} + a_{13} \times b_{31} & a_{11} \times b_{12} + a_{12} \times b_{22} + a_{13} \times b_{32} \\ a_{21} \times b_{11} + a_{22} \times b_{21} + a_{23} \times b_{31} & a_{21} \times b_{12} + a_{22} \times b_{22} + a_{23} \times b_{32} \end{pmatrix}$$

これを具体的な数で考えると、次の A, B があったとき、$A \times B$ は上の式に当てはめて計算できます。

$$A = \begin{pmatrix} 1 & 2 & 3 \\ 3 & 4 & 5 \end{pmatrix}, \quad B = \begin{pmatrix} 3 & 4 \\ 4 & 5 \\ 5 & 6 \end{pmatrix}$$

$$A \times B = \begin{pmatrix} 1 \times 3 + 2 \times 4 + 3 \times 5 & 1 \times 4 + 2 \times 5 + 3 \times 6 \\ 3 \times 3 + 4 \times 4 + 5 \times 5 & 3 \times 4 + 4 \times 5 + 5 \times 6 \end{pmatrix} = \begin{pmatrix} 26 & 32 \\ 50 & 62 \end{pmatrix}$$

左側の各行と右側の各列を順に計算するため、掛け算をする場合、左側の行列の「列数」と、右側の行列の「行数」が同じである必要があります。さらに、左の行列が m 行 k 列、右の行列が k 行 n 列のとき、その積は m 行 n 列の行列になります。

行列の掛け算で注意が必要なのは、左右を入れ替えたときに結果が一致せず、「交換法則が成り立たない」ことです。例えば、次のような正方行列の掛け算を考えると、左右を入れ替えたときの結果が異なっていることがわかります。

$$A = \begin{pmatrix} 1 & 2 \\ 3 & 4 \end{pmatrix}, B = \begin{pmatrix} 3 & 4 \\ 4 & 5 \end{pmatrix}$$

$$A \times B = \begin{pmatrix} 11 & 14 \\ 25 & 32 \end{pmatrix}, B \times A = \begin{pmatrix} 15 & 22 \\ 19 & 28 \end{pmatrix}$$

私たちがこれまで使ってきた一般的な数式では交換法則が成り立ったため、無意識のうちに順番を無視してしまいがちですが、行列のときは掛ける順番を意識してください。

■ 単位行列

行列の積に交換法則は成り立ちませんが、逆から掛けても同じ結果が得られる特徴的な行列があります。例えば、左上から右下への斜めの要素がすべて 1、それ以外は 0 になっている正方行列を**単位行列**といい、一般に E や I といった記号が使われます。

$$E = \begin{pmatrix} 1 & 0 \\ 0 & 1 \end{pmatrix}, E = \begin{pmatrix} 1 & 0 & 0 \\ 0 & 1 & 0 \\ 0 & 0 & 1 \end{pmatrix}$$

これは、数の世界の掛け算で 1 を掛けることと同じだといえます。実際に計算してみると、次のように同じ値が得られていることがわかります。

$$\begin{pmatrix} 1 & 2 \\ 3 & 4 \end{pmatrix} \times \begin{pmatrix} 1 & 0 \\ 0 & 1 \end{pmatrix} = \begin{pmatrix} 1 & 2 \\ 3 & 4 \end{pmatrix}, \begin{pmatrix} 1 & 0 \\ 0 & 1 \end{pmatrix} \times \begin{pmatrix} 1 & 2 \\ 3 & 4 \end{pmatrix} = \begin{pmatrix} 1 & 2 \\ 3 & 4 \end{pmatrix}$$

■ 逆行列

行列 A に対して、右から掛けても左から掛けても単位行列 E となるような行列を A の**逆行列**といい、A^{-1} で表現します。逆行列を求めるには A が正方行列でなければなりません。

例えば、次の 2 つの行列 A, B を考えると、右から掛けても左から掛けても単位行列になることがわかります。

$$A = \begin{pmatrix} 2 & 5 \\ 1 & 3 \end{pmatrix}, B = \begin{pmatrix} 3 & -5 \\ -1 & 2 \end{pmatrix}$$

$$A \times B = \begin{pmatrix} 1 & 0 \\ 0 & 1 \end{pmatrix}, \ B \times A = \begin{pmatrix} 1 & 0 \\ 0 & 1 \end{pmatrix}$$

つまり、$B = A^{-1}$ です。行列には割り算が存在しませんが、逆行列を使うと行列で割ったような効果があります。一般に、2次の正方行列に対する逆行列は次の式で求められます。

$$\begin{pmatrix} a_{11} & a_{12} \\ a_{21} & a_{22} \end{pmatrix}^{-1} = \frac{1}{a_{11}a_{22} - a_{12}a_{21}} \begin{pmatrix} a_{22} & -a_{12} \\ -a_{21} & a_{11} \end{pmatrix}$$

この式を見ると、$a_{11}a_{22} - a_{12}a_{21} = 0$ のとき、分母が 0 になってしまいます。この場合は計算できないため、逆行列が存在しません。このように、逆行列が存在しない場合があることに注意しましょう。

■行列を使って連立方程式を解く

行列を使うと、連立方程式を 1 つの式で表現できます。例えば、次の連立方程式を考えましょう。

$$\begin{cases} 2x + 3y = 7 \\ -x + 4y = 2 \end{cases}$$

行列を使うと、この式は次のように表現できます。

$$\begin{pmatrix} 2 & 3 \\ -1 & 4 \end{pmatrix} \begin{pmatrix} x \\ y \end{pmatrix} = \begin{pmatrix} 7 \\ 2 \end{pmatrix}$$

左辺を行列の積と考えると、元の連立方程式と同じであることがわかるでしょう。ここで、この式の両辺に左の行列の逆行列を左から掛けると、逆行列との掛け算で単位行列になった左辺はシンプルになります。

$$\begin{pmatrix} 2 & 3 \\ -1 & 4 \end{pmatrix}^{-1} \begin{pmatrix} 2 & 3 \\ -1 & 4 \end{pmatrix} \begin{pmatrix} x \\ y \end{pmatrix} = \begin{pmatrix} 2 & 3 \\ -1 & 4 \end{pmatrix}^{-1} \begin{pmatrix} 7 \\ 2 \end{pmatrix}$$

$$\begin{pmatrix} 1 & 0 \\ 0 & 1 \end{pmatrix} \begin{pmatrix} x \\ y \end{pmatrix} = \frac{1}{11} \begin{pmatrix} 4 & -3 \\ 1 & 2 \end{pmatrix} \begin{pmatrix} 7 \\ 2 \end{pmatrix}$$

$$\begin{pmatrix} x \\ y \end{pmatrix} = \begin{pmatrix} 2 \\ 1 \end{pmatrix}$$

このように、行列を使うことで複雑な式でも簡単に計算できるのです。

索　引

● ア行

あまり 13
アヤメ 47, 123

一元配置 250
一様分布 161
一般化線形モデル 268
一般線形モデル 265
移動平均 141
移動平均線 144
因果関係 120
インデント 25

ウェルチの検定 246
ウォード法 291

円グラフ 99
演算子の優先順位 13

オープンデータ 39
オープンデータ100 48
折れ線グラフ 96, 141

● カ行

回帰係数 255
回帰直線 255
回帰分析 255
階級 59
階級幅 61
階層型 285
カイ二乗値 237
返り値 27
確率 162
確率変数 163
確率密度関数 168

掛け算 12
過誤 200
加重移動平均 147
仮数部 91
型 16
片側検定 198
仮定 192
カテゴリカルデータ 89
間隔尺度 88
頑健である 73
関数 27

棄却域 198
危険率 198
擬似相関 122
記述統計学 93
気象データ 49
擬似乱数 159
基礎集計 93
期待値 163
期待度数 237
帰無仮説 197
逆確率の法則 191
逆行列 310
キャスト 17
行 308
共分散 111
共分散行列 113
行列 308
極小 297
極小値 297
極大 297
極大値 297
許容誤差 187

区間推定 176
クラスター分析 7
クラスタリング 7, 285
クロス集計 131, 236

欠損値 54
決定木 7
決定係数 258
検出漏れ 200
検定 196

合計 66
交差エントロピー誤差関数 280
国勢調査 40
誤検出 200
個人情報保護法 50
コメント 19

●サ行
最小二乗法 260
最短距離法 291
最長距離法 291
最尤推定法 280
残差 255
散布図 96, 105
散布図行列 125
サンプルサイズ 158

シグマ 67
シグモイド関数 278
時系列データ 96
試行 162
事後確率 191
字下げ 25
事象 163
指数 303
指数関数 303
指数部 91
指数平滑化法 149
指数法則 303
事前確率 191
自然対数 304
四則演算 12
実行モード 11
質的変数 89

シード 159
重回帰分析 265
重決定 R2 258
自由度 182
自由度調整済み決定係数 269
樹形図 290
受容 198
順序尺度 87
条件付き確率 190
条件分岐 24
小数 12, 15
乗法定理 190
常用対数 304
信頼区間 176

推測統計学 94, 158
数学的確率 162
数量化理論 I 類 275
スタージェスの公式 61

正規化 133
正規分布 75
政府統計 40
成分 305, 308
正方行列 308
積分 300
積分定数 300
説明変数 255

相関係数 114
増減表 296
総務省統計局 39
損益分岐点 154

●タ行
第一種の過誤 200
対数 303
対数関数 304
大数の法則 167
タイタニック号 48
第二種の過誤 200
代入 18
代表値 66
対立仮説 197
対話モード 11

多重クロス集計 ………………………… 135
畳み込み演算 …………………………… 141
単位行列 ………………………………… 310
単回帰分析 ……………………………… 265
単精度浮動小数点数 …………………… 91

遅行指標 ………………………………… 147
中央値 …………………………………… 70
中心極限定理 …………………………… 166

底 ………………………………………… 303
定積分 …………………………………… 301
底の変換公式 …………………………… 304
適合度検定 ……………………………… 239
データ型 ………………………………… 16
データカタログサイト ………………… 48
データフレーム ………………………… 33
データベース（DB）機能 …………… 43
点推定 …………………………………… 176

導関数 …………………………………… 296
統計学習サイト ………………………… 39
統計的確率 ……………………………… 162
統計的検定 ……………………………… 196
統計 GIS ……………………………… 40
同時確率分布 …………………………… 189
等分散の検定 …………………………… 231
同様に確からしい ……………………… 162
匿名化 …………………………………… 50
匿名加工情報 …………………………… 50
独立 ……………………………………… 189
度数 ……………………………………… 59
度数分布表 ……………………………… 59

●ナ行
内積 ……………………………………… 307

二元配置 ………………………………… 250

ネイピア数 ……………………… 278, 304

●ハ行
倍精度浮動小数点数 …………………… 91
排反 ……………………………………… 190
配列 ……………………………………… 20

外れ値 …………………………… 65, 122
パーセント点 …………………………… 177
パッケージ ……………………………… 29

非階層型 ………………………………… 285
引数 ……………………………………… 27
ヒストグラム …………………………… 61
否定 ……………………………………… 57
微分 ……………………………………… 296
微分係数 ………………………………… 296
ピボットテーブル ……………… 131, 236
標準化 …………………………………… 83
標準正規分布 …………………………… 177
標準偏差 ………………………………… 80
標本 ……………………………………… 158
標本比率 ………………………………… 186
標本分散 ………………………………… 158
標本平均 ………………………………… 158
比率尺度 ………………………………… 88
比例尺度 ………………………………… 88

ファンクションポイント法 …………… 3
符号部 …………………………………… 91
不定積分 ………………………………… 300
浮動小数点数 …………………………… 90
不偏共分散 ……………………… 114, 183
不偏推定量 ……………………………… 182
不偏分散 ………………………… 78, 182
プライバシーポリシー ………………… 50
分散 ……………………………………… 76
分散分析 ………………………………… 250
分布関数 ………………………………… 173

平滑定数 ………………………………… 149
平均 ……………………………………… 66
ベイズ更新 ……………………………… 191
ベイズ推定 ……………………………… 192
ベイズの定理 …………………………… 191
平方根 …………………………………… 80
ベクター ………………………………… 21
ベクトル ………………………………… 21
偏差値 …………………………………… 85
変数 ……………………………………… 17
変数名 …………………………………… 18
変動係数 ………………………………… 82

偏微分 298

棒グラフ 94
母集団 158
補正 R2 270
ボディマス指数 28
母比率 186
母分散 158
母平均 158

●マ行
前処理 54
マンハッタン距離 285

密度関数 168

無限 172
無作為抽出 159

名義尺度 87
メジアン 70

目的変数 255
モジュール 29
戻り値 27

●ヤ行
有意水準 198
尤度 191
尤度関数 279
ユークリッド距離 285

要素 20, 305, 308
予約語 18

●ラ行
ライブラリ 29
乱数 159
ランダムサンプリング 159

離散型の確率変数 168
リスト 20, 24
リスト内包表記 26
両側検定 198
量的変数 89

類似度 285
累乗 13
累積分布関数 173
ルート 80

列 308
連続型の確率変数 168

ロジスティック回帰分析 278

●ワ行
割り算 12

●欧文・記号
add_subplot 107
Anaconda 9
ANOVA 250
API 機能 39, 45
as.integer 17
average 68
A/B テスト 231

bar 94
barplot 95
BayesianRidge 192
bin 90
BMI 28
breaks 64

cdf 177
chisquare 242
chi2_contingency 238
choice 159
COCOMO 法 3
coef_ 256
convolve 141
cor 116
corr 115
corrcoef 114
cov 112
CRAN 31
crosstab 132
C# 8

DataFrame 33

ddof 184
def 27
dim 36
dnorm 178
dplyr 32
dropna 57
dt 208

else 24
evm 149
e-Stat 39

F 検定 231
F 値 231
F 分布 177
filter 144
fit 256
for 25
ftable 137
f_oneway 250

GCP 9
glm 282

hist 61, 64

IDE 9
IEEE 754 91
if 24
in 25
inf 172
integrate 31
intercept_ 256
iris 47
isin 57

Java 8
Julia 9
JupyterLab 9

KKD 3
KMeans 288
Kotlin 8
k-匿名化 51
k-平均法 285

len 21, 33
length 21, 27, 68
LinearRegression 256
lm 257
LOC 法 3
lsfit 257

Matplotlib 30
matrix 32
mean 68
median 71
mode 16

NA 57
NaN 57
ncol 36
norm 177
normal 161
normalize 133
nrow 36
NumPy 29

Objective-C 8

p 値 199
paired 221
pairs 125
pandas 30
pdf 178, 208, 229, 234
PHP 8
pie 99
pip 29
pip3 30
plot 96
ppf 178, 184, 206, 232
print 25
pt 208
pyplot 30
Python 8

quad 170

R 8
read.csv 55
read_csv 55

return 28
rnorm 161
rolling 141
Ruby 8
runif 159

scatter 106
SciPy 31
sd 81
seed 159
Series 34
shape 33
Shift_JIS 56
size 68
sqrt 80
statmodels 269
std 81
stringsAsFactors 55
sum 66
summary 259
Swift 8

t 検定 206
t 分布 177, 183

table 132
tail 56
Titanic 48
ttest_ind 225
ttest_rel 220
ttest_1samp 210
type 16

UTF-8 56

var 78
VB.NET 8

z 検定 202
z 値 202
zip 164

χ^2 検定 227, 238

~ 57

10 進数 90
2 進数 90
3 重クロス集計 135

〈著者略歴〉
増井敏克 (ますい　としかつ)
増井技術士事務所代表。技術士（情報工学部門）。
情報処理技術者試験にも多数合格。ビジネス数学検定1級に合格し、公益財団法人日本
数学検定協会認定トレーナーとしても活動。「ビジネス」×「数学」×「IT」を組み合
わせ、コンピュータを「正しく」「効率よく」使うためのスキルアップ支援や、各種ソ
フトウェアの開発、データ分析などを行っている。

〈著書〉
『プログラマを育てる脳トレパズル』『プログラマ脳を鍛える数学パズル』『IT用語図鑑』
『Pythonではじめるアルゴリズム入門』『図解まるわかりセキュリティのしくみ』『図解
まるわかりプログラミングのしくみ』（以上、翔泳社）、『プログラミング言語図鑑』『IT
エンジニアがときめく自動化の魔法』（以上、ソシム）、『基礎からのプログラミングリ
テラシー』（技術評論社）など多数。

編集：ツークンフト・ワークス

RとPythonで学ぶ統計学入門

2021年5月25日　　第1版第1刷発行

著　　者　増井敏克
発行者　村上和夫
発行所　株式会社 オーム社
　　　　　郵便番号　101-8460
　　　　　東京都千代田区神田錦町3-1
　　　　　電話　03(3233)0641(代表)
　　　　　URL　https://www.ohmsha.co.jp/

© 増井敏克 2021

印刷・製本　三美印刷
ISBN978-4-274-22705-9　Printed in Japan

本書の感想募集　https://www.ohmsha.co.jp/kansou/
本書をお読みになった感想を上記サイトまでお寄せください。
お寄せいただいた方には、抽選でプレゼントを差し上げます。